大学计算机实践教程：
Win10＋Office2016

王帆　单丽花　王妞　**主编**

哈尔滨工业大学出版社

图书在版编目(CIP)数据

大学计算机实践教程：Win10＋Office2016 / 王帆,单丽花,

王妞主编. ——哈尔滨：哈尔滨工业大学出版社，2021.8

ISBN 978-7-5603-9622-4

Ⅰ.①大…　Ⅱ.①王…　②单…　③王…　Ⅲ.①电子计

算机－高等学校－教材　Ⅳ.①TP3

中国版本图书馆 CIP 数据核字(2021)第 149292 号

大学计算机实践教程：Win10＋Office2016

DAXUE JISUANJI SHIJIAN JIAOCHENG：Win10＋Office2016

策划编编	张凤涛	
责任编辑	张凤涛	
装帧设计	博利图书	
出版发行	哈尔滨工业大学出版社	
社　　址	哈尔滨市南岗区复华四道街 10 号　邮箱 150006	
传　　真	0451－86414749	
网　　址	http://hitpress.hit.edu.cn	
印　　刷	济南圣德宝印业有限公司	
开　　本	787mm×1092mm　1/16　印张 10.75　字数 280 千字	
版　　次	2021 年 8 月第 1 版　2021 年 8 月第 1 次印刷	
书　　号	ISBN 978-7-5603-9622-4	
定　　价	50.00 元	

（如因印装质量问题影响阅读，我社负责调换）

前　言

　　本书为《大学计算机实践教程:Win10+Office2016》的配套教材,全书分为"上机实验指导""习题汇编"和"附录"三大部分。上机实验指导部分安排了 22 个实验,内容涵盖了 Windows10 操作系统、Office2016 实验、计算机网络与 Internet 应用等;习题汇编部分,精选了大量的试题并在附录部分给出了参考答案,还给出了一些附加知识点题目,便于读者练习提高,巩固各个章节知识点,以达到学习和提高的目的。

　　本书根据普通高等院校计算机基础教学的特点,结合当前计算机的最新发展及计算机基础课程的要求,由长期工作在一线的教师结合多年的教学经验组织编写而成。全书内容丰富、全面、层次结构清楚,每个实验的讲解都包含了详细的操作方法和步骤,具有通俗易懂、简便易学的特点。

　　本书由河北地质大学华信学院王帆、单丽花、王妞担任主编。

　　由于时间紧迫以及编者水平所限,书中难免存在疏漏和不妥之处,恳请使用本书的广大师生和读者批评指正,提出宝贵的意见,在此表示感谢!

编　者

2021 年 8 日

目　　录

第一部分 上机实验指导

实验 1 计算机基本操作

一、实验目的

1.认识键盘,熟悉键盘的不同区域。

2.掌握汉字的输入法的使用方法。

二、实验内容

1.使用键盘

要求:

(1)认识键盘。

(2)使用键盘输入。

操作步骤:

(1)认识键盘。

图 1—1 所示为常见的计算机键盘及常用键。各个键的功能如下。

图 1—1 键盘常用键

①跳格键(Tab):制表定位键,默认每按一次,光标向右移动 8 位。

②大写字母锁定键(CapsLock):控制 26 个字母大小写的输入,当"键盘提示区"中 Caps Lock 灯亮时,表示此输入的字母为大写,反之为小写。

③换挡键(Shift):用于输入上挡字符,也可以切换英文字母的大小写。

④控制键(Ctrl):一般与其他键配合使用,例如复制使用 Ctrl+C 组合键,粘贴使用 Ctrl+ V 组合键。

⑤转换键(Alt):不单独使用,主要与功能键配合使用,例如 Alt+F4 组合键可以关闭窗口、关闭系统等。

⑥空格键:按一次空格键,光标向右移动一格,产生一个空字符,如处于插入状态,光标后有

1

字符,则光标后的所有字符将向右移动一个位置。

⑦Windows 键：在 Windows 操作系统中,按该键可打开"开始"菜单。

⑧回车键(Enter)：确认并执行输入的命令。在输入文字时,按此键光标移动到下一行行首。

⑨退格键(Backspace)：每按一次,删除光标左侧的一个字符。

⑩屏幕打印键(PrintScreen)：按一次该键,就将屏幕作为一张图片放在剪贴板,可以将其粘贴在附件的"画图"中另存为图片格式；按住 Alt＋PrintScreen 组合键,可以将当前活动窗口抓图到剪贴板上。

(2)使用键盘。

①操作手法：将左右手的食指分别放在 F 和 J 两个键上,其他手指依次放在对应的键上,每个手指控制一个竖排,手指向上和向下敲击所控制的键。左右手的食指分别控制 F、G 和 H、J 分别对应的两个竖排,如图 1－2 所示。

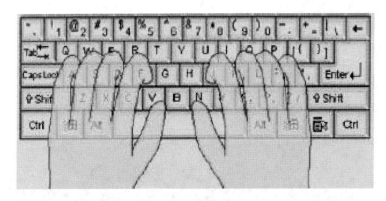

图 1－2　键盘指法图

②操作要领：十指并用,用相应的手指去击键；用力恰当,速度要快；击完一键,手指马上回到基本键位。

(3)英文输入练习。启动一个文字处理软件,如 Word 2016,输入字符：

Confucius said,"It is because those who are good at swimming do not fear water when they are in it. Those who are good at diving regard abysms just as land and hills. They can handle any dangerous situation with ease. This kind of people is undaunted at any place. In gambling,when person chips in his tiles he sometimes wins. When he chips in his sliver hook, his mind is in dread. When he chips in his gold,he feels dizzy,and has fear in his mind. This is because he values worldly possessions too much. Thus,those who think too much of worldly possessions must have clumsy thoughts."

2.输入法的切换与汉字输入法工具栏

要求：

(1)学会使用鼠标切换输入法。

(2)掌握使用键盘组合切换输入法。

(3)掌握中英文、全角/半角、中英文标点和软键盘。

(4)掌握输入特殊字符的方法。

操作步骤：

(1)Windows 系统中已经预先安装了多种输入方法,可以根据需要安装其他汉字输入方法,例如百度输入法、搜狗输入法等,使用时根据需要选择输入法。

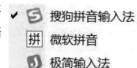

图1-3　输入法切换菜单

(2)用鼠标选择输入法:用鼠标单击屏幕右下角任务栏上的输入法指示器,会弹出输入法切换菜单,如图 1-3 所示,用鼠标单击想要的输入法即可。

(3)用键盘选择输入法:在系统默认情况下,使用 Ctrl+Shift 组合键可以在多种输入法之间进行切换;按下 Ctrl+空格键组合键可以在中文输入法和英文输入法之间进行切换。

(4)使用一种中文输入法,屏幕上会出现一个输入法工具栏,例如选择"搜狗拼音输入法",如图 1-4 所示。

①区分全角和半角。

英文字符在存储时每个字符占一个字节,称为半角字符。而汉字在存储时每个字符占用两个字节,称为全角字符。所有的汉字包括中文标点符号都是全角字符。英文有半角和全角之分,通过"全角/半角切换"按钮,可以进行全角半角的切换,图标为"●"时,表示全角输入状态,图标为"☾"时,表示半角输入。在英文全角状态下,一个英文字符占 2 个字节。

②中英文标点符号切换。

通过该按钮可以在中文标点符号和英文标点符号之间进行切换。当图标为"。,"时,表示中文标点输入方式,输入的标点符号为中文形式;当图标为".,"时,表示英文标点输入方式,输入的标点符号为英文形式。

③软键盘。

软键盘是一个在屏幕上模拟出来的键盘,鼠标单击软键盘图标,会弹出一个选择菜单,如图 1-5所示。Windows 提供了 13 个软键盘,选择一个后即可输入在键盘上无法直接输入的各种特殊字符或符号。单击"软键盘"按钮即可打开软键盘菜单,选择需要的软键盘,再次单击关闭软键盘,选择关闭软键盘(单击软键盘右上角的"×"关闭软键盘)。图 1-6 所示为打开的"特殊符号"软键盘。

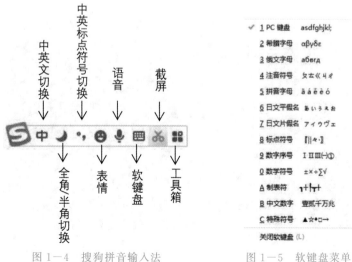

图1-4　搜狗拼音输入法　　　图1-5　软键盘菜单

（4）开启/关闭输入板。

打开输入板可以手写输入，如图1-7所示。

（5）特殊符号输入练习（注：可以使用搜狗输入法）。启动一个文字处理软件，如Word 2016输入如下特殊字符。

①英文标点符号：,."" [ ] \ / ＜ ＞ $ ˆ。

②中文标点符号：，，。"" 【 】《 》￥……。

③数字符号：≈ ≠ ≤ ≮ ± ÷ ∫ ∑ ∏。

④特殊符号：§ № ☆ ★ ※ → & ¤ @。

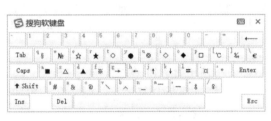

图1-6　"特殊符号"软键盘　　　　　图1-7　微软拼音输入板

实验2　Windows 10 基本操作

一、实验目的

（1）掌握Windows 10的启动和退出方法。

（2）掌握Windows 10桌面上的基本元素的使用。

二、实验内容

1.Windows 10的启动和退出

要求：

掌握Windows 10的启动与退出的方法及特殊情况的处理。

操作步骤：

（1）启动。

打开主机电源，计算机自动完成启动过程，进入Windows 10桌面状态，如图2-1所示。

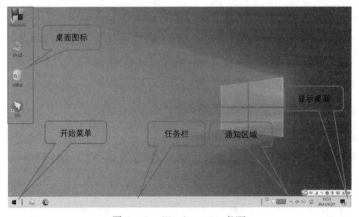

图2-1　Windows 10桌面

用户在操作过程中因种种问题,出现计算机不能响应的情况,这时可以同时按下 Ctrl＋Alt＋Delete 组合键,然后选择"启动任务管理器",打开 Windows"任务管理器"窗口,如图 2－2 所示,在"应用程序"选项中选择状态为"未响应"的任务,单击"结束任务"按钮来结束不能响应的应用程序。

图 2－2　Windows 10"任务管理器"窗口

用户在使用计算机的过程中,可能会出现蓝屏、花屏、死机或者无法打开"任务管理器"的情况,可以使用主机箱面板上的"Reset"键来复位,或者长按几秒电源键来关闭计算机。但长按电源的方法属于非正常关机,是不可取的,应尽量避免非正常关机,这是因为在高速运转时突然停止运转,会损坏硬盘。

（2）退出。

①方法一:单击"开始"按钮,在"开始"菜单中选择"关机"命令,如图 2－3 所示。

②方法二:使用 Alt＋F4 组合键,弹出如图 2－4 所示窗口,关闭系统。

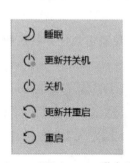

图 2－3　Windows 10 退出选择　　　　　图 2－4　"关闭 Windows"窗口

③Windows 10 退出有以下操作。

a.睡眠:又称"休眠",将会话保存在内存中并将计算机处于低功耗状态,这样即可快速恢复工作状态。

b.更新并关机/更新并重启:完成更新后自动关机/重启。

c.关机:关闭计算机。

d.重启:关闭所有打开的程序,关闭 Windows,然后重新启动 Windows。

2.任务栏基本设置

要求：

(1)掌握任务栏和开始菜单的设置。

(2)掌握锁定程序到任务栏的方法。

操作步骤：

(1)设置任务栏和开始菜单。

在窗口下方任务栏右击鼠标，打开任务栏和开始菜单设置对话框，如图 2－5 和图 2－6 所示。任务栏对话框可以设置任务栏是否锁定、是否隐藏、是否使用小任务栏、任务栏的位置、当任务栏占满时是否合并等。开始菜单对话框可以设置是否显示磁贴、应用列表、最近添加应用等。

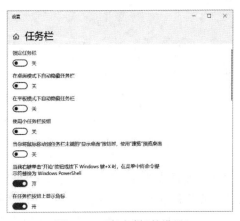

图 2－5 "任务栏"的设置

图 2－6 "自定义[开始]菜单"对话框

(2)将程序固定到任务栏的操作方法。

Windows 10 操作系统如果想要快速启动程序，可以把程序固定到任务栏中，如图 2－7 所示。

图 2－7 固定程序到任务栏

①如果程序已经打开，在任务栏上选择程序并右击鼠标，弹出快捷菜单，单击"固定到任务栏"即可，如图 2－8 所示。

②如果程序没有打开，单击"开始"菜单→"所有程序"找到需要锁定到任务栏的程序，右击鼠标，弹出快捷菜单，单击"固定到任务栏"即可，如图 2－9 所示。

图 2－8 锁定程序到任务栏 1

图 2－9 锁定程序到任务栏 2

实验 3 Windows 10 文件和文件夹的操作

实验目的

(1)了解文件与文件夹的概念。

(2)掌握文件与文件夹的属性。

(3)掌握文件与文件夹的基本操作。

实验内容

1.创建、重命名与删除文件与文件夹

要求：

(1)在 D:\实验指导操作文件夹\Winsy 下创建一个文件夹，将其命名为 User_a。

(2)在创建的文件夹 User_a 中创建一个 Excel 文件，将其命名为"学生成绩登记表.xlsx"。

(3)将 Winsy 文件夹下的 User_123 删除。

操作步骤：

(1)新建文件夹：打开 D:\实验指导操作文件夹\Winsy 文件夹，单击工具栏的"新建文件夹"按钮或者鼠标右键"新建"→"文件夹"，如图 3-1 所示。此时在 Winsy 文件夹中出现一个"新建文件夹"的图标。

图 3-1　使用工具栏"新建文件夹"

(2)重命名文件夹：刚刚建立的文件夹名"新建文件夹"处于反显状态，直接输入新的文件夹名 User_a(若文件夹名"新建文件夹"未处于反显状态，可以单击工具栏上"组织"下拉菜单中的"重命名"，或者直接单击一下新建的文件夹，使其名呈反显状态)。

(3)新建 Excel 文件：双击打开新建的文件夹 User_a，在窗口的空白处右击鼠标，在弹出的快捷菜单中选择"新建"→"Microsoft Excel 工作表"命令，如图 3-2 所示。此时在 Winsy 文件夹中出现一个"新建 Microsoft Excel 工作表"的图标。

图 3-2　"新建文件夹"快捷菜单

(4)重命名 Excel 文件：同理，新建的 Excel 文件的文件名处于反显状态，直接输入"学生成绩登记表.xlsx"(若文件名"新建 Microsoft Excel 工作表"未处于反显状态，可以单击工具栏上

"组织"下拉菜单中的"重命名"，或者直接单击一下新建的文件夹，使其名呈反显状态）。

注意：观察使用的电脑是否处在显示已知文件扩展名的状态。若显示扩展名，则重命名"学生成绩登记表.xlsx"；若未显示扩展名，则重命名为"学生成绩登记表"。

（5）删除文件夹：回到 Winsy 文件夹，选中文件夹 User_123，右击鼠标，在弹出的快捷菜单上选择"删除"命令（或者单击工具栏"组织"下拉菜单中的"删除"；或者按键盘上的"Delete 键"）弹出"确认文件删除"对话框，单击"是"按钮（或回车键）确认删除。

注意：如果将文件或文件夹彻底删除，则按住 Shift 键点击"删除"命令。

2.文件与文件夹的复制和移动

要求：

（1）打开 D:\实验指导操作文件夹。

（2）在 Winsy 文件夹范围内查找文件夹 Exam1，将其移动到 User_a 文件夹中。

（3）在 Winsy 文件夹范围内查找所有扩展名为".bmp"的文件，并将其复制到 User_a 文件夹下。

（4）在 Winsy 文件夹范围内查找"game.exe"文件，将其移动到 User_a 文件夹下，改名为"游戏.exe"。

操作步骤：

（1）打开 D:\实验指导操作文件夹\Winsy 文件夹，在窗口右侧搜索栏输入"Exam1"，查找到"Exam1"即显示在窗口，选中该文件夹，单击"主页"→"剪贴板"中的"剪切"（或使用 Ctrl＋X 组合键剪切；或右击鼠标使用快捷菜单中的"剪切"），如图 3－3 所示。然后回到 User_a 文件夹，单击"粘贴"（或使用 Ctrl＋V 组合键粘贴；或右击鼠标使用快捷菜单中的"粘贴"）。

（2）打开 Winsy 文件夹，在窗口搜索栏输入"＊.bmp"，查找到所有的扩展名为".bmp"的文件即显示在窗口，选中所有文件，单击"主页"→"剪贴板"中的"剪切"（或使用 Ctrl＋X 组合键剪切；或右击鼠标使用快捷菜单中的"剪切"）。然后回到 User_a 文件夹，单击"粘贴"（或使用 Ctrl＋V 组合键粘贴；或右击鼠标使用快捷菜单中的"粘贴"）。

（3）打开 Winsy 文件夹，在窗口搜索栏输入"game.exe"，查找到的"game.exe"文件即显示在窗口，选中该文件，单击"主页"→"剪贴板"中的"复制"（或使用 Ctrl＋C 组合键；或右击鼠标使用快捷菜单中的"复制"），如图 3－3 所示。然后回到 User_a 文件夹，单击"粘贴"（或使用 Ctrl＋V 组合键粘贴；或右击鼠标使用快捷菜单中的"粘贴"）。

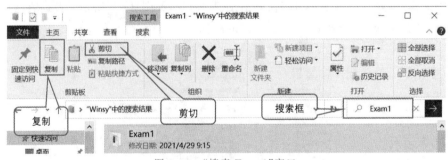

图 3－3 "搜索 Exam1"窗口

（4）选中文件夹 User_a 中的"game.exe"，单击"主页"→"组织"中的"重命名"（或在文件名上单击鼠标；或右击鼠标使用快捷菜单中的"重命名"）使文件名处于反显状态，改名为"游戏.exe"。

3.创建文件与文件夹快捷方式

要求:

(1)在 Winsy 文件夹范围内搜索"download.exe"应用程序,并在 User_a 文件夹下建立它的快捷方式,名称为"下载"。

(2)在 Winsy 文件夹范围查找"Exam2"文件夹,并在 Winsy 文件夹下建立它的快捷方式,名称为"指向文件夹"。

操作步骤:

(1)打开 D:\实验指导操作文件夹\Winsy 文件夹,在窗口搜索栏输入"download.exe",查找到"download.exe"即显示在窗口,选中该文件,单击"剪贴板"中的"复制"(或使用 Ctrl+C 组合键剪切;或单击鼠标右键使用快捷菜单中的"复制")。然后回到 User_a 文件夹,单击鼠标右键,在弹出的快捷菜单中选择"粘贴快捷方式",如图 3-4 所示。

(2)在 User_a 文件夹中选中刚刚粘贴的快捷方式,单击"组织"中的"重命名"(或在文件名上单击鼠标;或单击鼠标右键使用快捷菜单中的"重命名")使文件名处于反显状态,改名为"下载"。注意:重命名快捷方式时不加扩展名。

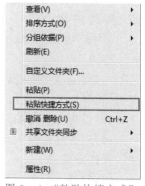

图 3-4 "粘贴快捷方式"

(3)回到 Winsy 文件夹,在窗口搜索栏输入"Exam2"查找到"Exam2"即显示在窗口,选中该文件夹,单击"剪贴板"中的"复制"(或使用 Ctrl+C 组合键剪切;或右击鼠标使用快捷菜单中的"复制")。然后回到 Winsy 文件夹,单击鼠标右键,在弹出的快捷菜单中选择"粘贴快捷方式"。

(4)在 Winsy 文件夹中选中刚刚粘贴的快捷方式,单击"组织"中的"重命名"(或在文件名上单击鼠标;或单击鼠标右键使用快捷菜单中的"重命名"),使文件名处于反显状态,改名为"指向文件夹"。

4.设置文件与文件夹的属性

要求:

(1)在 Winsy 文件夹范围查找以"h"开头,扩展名".exe"的文件,将其设置为仅有"只读""隐藏"属性。

(2)在 Winsy 文件夹范围查找"Exam3"文件夹,将其设置为仅有"隐藏"属性。

操作步骤:

(1)打开 D:\实验指导操作文件夹\Winsy 文件夹,在窗口搜索栏输入"h*.exe",查找到以 h 开头,扩展名是".exe"的文件即显示在窗口,选中该文件,单击"主页"→"打开"中的"属性"(或单击鼠标右键使用快捷菜单中的"属性"),打开"属性"设置对话框,如图 3-5 所示。选中只读和隐藏前面的复选框,单击"确定"按钮。

(2)打开 Winsy 文件夹,在窗口搜索栏输入"Exam3",查找到"Exam3"文件夹即显示在窗口,选中该文件夹,单击"主页"→"打开"中的"属性"(或单击鼠标右键使用快捷菜单中的"属性"),打开"属性"设置对话框。选中隐藏前面的复选框,单击"确定"按钮。

图 3-5 "help.exe 文件属性"设置

实验 4　Windows 10 的高级操作

一、实验目的

(1)了解控制面板的作用。

(2)掌握 Windows 10 的个性化设置。

(3)掌握用户账户的创建和切换。

(4)掌握使用控制面板对计算机软件硬件的管理。

二、实验内容

1.Windows 10 的个性化设置

要求：

(1)将 D:\实验指导操作文件夹\Winsy\desk 文件夹内的图片设置为桌面背景，选择契合度为"拉伸"。

(2)设置合适的锁屏图案。

(3)设置屏幕保护程序为"彩带"，等待时间为 5 分钟。

操作步骤：

(1)打开左下角"开始"菜单选择"设置"命令，打开"Windows 设置"窗口，如图 4－1 所示。单击"个性化"打开"背景"窗口，如图 4－2 所示。单击浏览图片位置后面的"浏览"按钮，选择 D:\实验指导操作文件夹\Winsy\desk 文件夹下某张图片，设置"选择契合度"为"拉伸"。

图 4－1　"Windows 设置"窗口　　　　　　图 4－2　"背景"窗口

(2)回到图 4－1"个性化"设置窗口，单击"锁屏界面"，打开"锁屏界面"设置窗口，如图 4－3 所示，设置合适的锁屏图片作为屏幕锁定的背景。

图 4－3　"锁屏界面"设置窗口

（3）回到"锁屏界面"窗口下方,选中"屏幕保护程序设置",设置屏幕保护程序为"彩带",等待时间为 5 分钟,如图 4－4 所示。

图 4－4　"屏幕保护设置"窗口

2.用户账户的创建和切换

要求:

（1）创建新账户 mycomputer。

（2）切换用户账户。

操作步骤:

（1）单击"开始"→"设置"→"账户",如图 4－5 所示。

（2）在该窗口单击"家庭和其他用户",弹出图 4－6 所示窗口。

图 4－5　"账户"窗口　　　　　　　　图 4－6　"家庭和其他用户"窗口

（3）在该窗口单击"将其他人添加到这台电脑",在文本框中输入要创建的用户名称,例如"mycomputer",输入提示信息,然后单击"下一步"按钮,即创建了一个新的用户,如图 4－7 所示。

图 4—7　"创建新账户"窗口

（4）由当前用户切换至 computer 账户的具体方法是将电脑锁屏，恢复再登录可切换至另一个账户名"mycomputer"，如图 4—8 所示。

图 4—8　"切换账户"窗口

3.日期和时间的设置

要求：

（1）将系统日期设置为 2021 年 4 月 30 日。

（2）将系统时间设置为早上 8：59。

操作步骤：

（1）鼠标右键单击右下角时间日期图标，点击"调整日期/时间"。

（2）在"日期和时间"窗口可开启"自动设置时间"功能，或者选择"手动设置日期和时间"功能，如图 4—8(a)所示。若选择后者，则打开更改日期和时间对话框，如图 4—8(b)所示。

（a）"日期和时间"窗口　　　　　（b）"更改日期和时间"窗口

图 4—8　设置日期和时间

4.软件管理

要求：

利用"设置"窗口中的"应用"卸载一个软件。

操作步骤：

(1)单击"开始"→"设置"→打开"应用"窗口,选择"应用和功能",如图4-9所示。

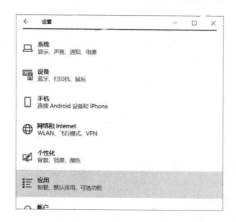

图4-9 "应用"窗口

(2)选中要卸载的程序,单击"卸载"按钮开始卸载,如图4-10所示。

图4-10 卸载程序

实验 5 Windows 10 小程序

实验目的

(1)了解 Windows 10 的常用小程序。

(2)掌握计算器、截图工具、画图、命令提示符等用法。

实验内容

1.计算器的用法

要求：

(1)将十进制数 100 转换成其他进制数。

(2)求 20 摄氏度等于多少华氏度。

操作步骤：

(1)选择"开始"→"计算器"，打开"计算器"窗口，单击"查看"→"程序员"，输入十进制 100，各种进制完成自动转换，如图 5－1 所示。

图 5－1　程序员计算器

(2)"转换器"分类下能够实现各种单位间相互换算，如图 5－2 所示，实现摄氏度与华氏度的相互转换，20 摄氏度＝68 华氏度。

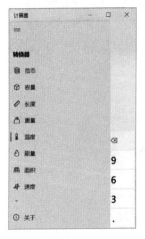

图 5－2　基本单位换算

2.命令提示符和画图的使用

要求：

(1)在命令提示符窗口输入"sysdm.cpl"命令，查看系统属性。

(2)将运行过"sysdm.cpl"命令的命令提示符窗口，通过截图工具进行抓取，再通过画图软件另存为"系统窗口.bmp"，存储到 D:\实验指导操作文件夹\Winsy 文件夹下。

操作步骤：

(1)单击"开始"→"Windows 系统"→"命令提示符"，打开命令提示符窗口，在光标处输入"sysdm.cpl"命令按回车键，弹出系统属性窗口如图 5－3 所示。

图5—3　命令提示符运行结果

(2)打开"Windows 附件"中的"截图工具",将系统属性窗口抓取到截图工具中,并通过复制按钮放至剪贴板。

(3)打开"Windows 附件"中的"画图"软件,使用 Ctrl+V 组合键,把剪贴板上的窗口图片粘贴到画图中,如图5—4所示。

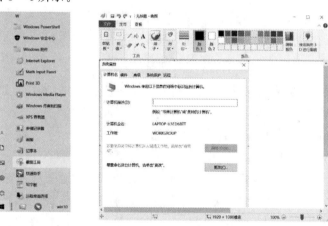

图5—4　"画图"窗口

(4)单击菜单栏上的下拉菜单,将图片以"命令窗口.bmp"另存到 D:\实验指导操作文件夹\Winsy 文件夹下。

实验 6　Word 2016 的基本操作

实验目的

(1)了解 Word 2016 的作用。

(2)熟悉 Word 2016 的窗口组成。

(3)掌握 Word 2016 的基本操作。

实验内容

1.Word 2016 文档的建立、保存和退出

要求:

(1)启动 Word 2016,新建空白文档输入文本,如图6—1所示。

（2）将此文件以"SY6－1.docx"为名保存到 D:\实验指导文件夹\wordsy 文件夹中。

（3）继续对"SY6－1.docx"文件进行编辑,将"4.温度影响……"部分与"5.触点容量……"部分互换位置,并更正序号。

（4）将此文件以"SY6－11.docx"为名另存到 D:\实验指导文件夹\wordsy 文件夹中。

★某电子产品技术参数★

1．工作电源

（1）额定电源电压：220V,允许偏差：直流 -20 %～+10 %。交流 -15 %～+10 %

（2）直流电源纹波系数：不大于 5%。

（3）额定频率：50Hz ,允许偏差：-5%～+5%;

2．交流回路

（1）交流电流：5A～150A 适用（4～75KW 电机）

（2）额定频率：50HZ

3．外形尺寸

宽×高×深=150mm×78mm×145mm

4．温度影响

装置在-10℃～+55℃温度下动作因温度变化而引起的变差不大于±5%。

5．触点容量

装置的出口继电器触点最大导通电流为 5A/AC220V。

图 6－1　要输入的文本内容

操作步骤：

（1）新建文档：单击"开始"→"所有程序"→"Microsoft Office"→"Microsoft Word 2016",启动 Word 2016,输入图 6－1 所示的文本内容（遇到特

wujiaox ① 工具箱（分号）

1.★ 2.五角 3.捂脚 4.吴娇 5.五教

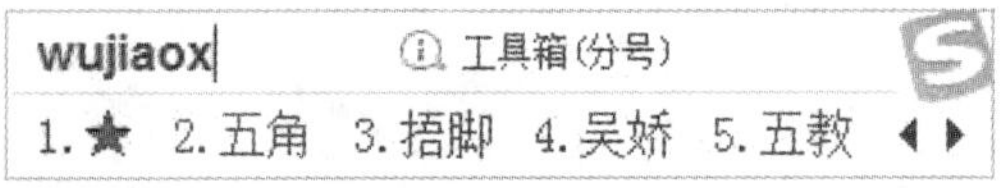

图 6－2　用拼音输入特殊字符

殊符号可以使用软键盘,或者使用搜狗、百度等输入方式直接用拼音输入,如图 6－2 所示）。

（2）保存文件：若是第一次保存,单击"快速访问工具栏"中的"保存"命令,或打开"另存为"对话框,如图 6－3 所示,确定保存位置 D:\实验指导文件夹\wordsy 文件夹,文件名为 SY6－1.docx,保存类型为 Word 文档(.docx)。

（3）互换位置：选中"5.触点容量……电流为 5A/AC220V",按住鼠标左键向上拖动,在光标移到"4.温度影响……不大于±5%"前面松开鼠标左键,即将两段互换了位置,修正它们之前的编号。

（4）另存文件：单击"文件"→"另存为"命令,打开"另存为"窗口,确定保存位置 D:\实验指导文件夹\wordsy 文件夹,文件名为 SY6－11.docx,保存类型为 Word 文档(.docx)。

图 6－3　"另存为"对话框

2.Word 2016 的基本操作

要求：

打开 D:\实验指导文件夹\wordsy 文件夹下的 SY6－2.docx,按如下要求完成。

(1)删除文中所有空行。

(2)将文中所有的英文括号"(   )"替换为中文括号"(   )"。

(3)删除文中所有的空格。

(4)将文中的符号"●"替换为"★"。

(5)将文中的第二段的"红树林",替换为红色、加粗、倾斜的"红树林"。

(6)最后以原文件名保存。

操作步骤：

(1)打开文件 D:\实验指导文件夹\wordsy\SY6－2.docx,光标定位到文章开头,选择"开始"→"编辑"选项组,单击"替换"按钮(或使用 Ctrl＋H 组合键),打开"查找和替换"对话框,光标定位"查找内容"文本框中,在"查找内容"文本框中插入 2 个"段落标记"(方法:点开"更多",如图 6－4 所示,单击"特殊格式"级联菜单中的"段落标记"),在"替换为"的文本框中插入一个"段落标记"。然后连续单击"全部替换"按钮,直到弹出"全部完成。完成 0 处替换"的信息框,如图 6－5 所示。

注意:如果文章较短空行数量不多的情况,可以直接使用"退格键"或"删除键"删除。

图 6－4 "查找和替换"对话框　　　　图 6－5 删除完空行后的信息框

(2)在"查找和替换"对话框,光标定位"查找内容"文本框中,输入英文的前半个括号"(",光标定位到"替换为"文本框中,输入中文标点符号前半个括号"(",如图 6－6 所示。然后单击"全部替换"按钮;同理再替换后半个括号。注意:对于括号或引号的替换只能一次替换半个,不能同时替换整个括号。

图 6－6 括号替换窗口

（3）在"查找和替换"对话框，光标定位"查找内容"文本框中，输入一个"空格"，光标定位到"替换为"文本框中什么都不输入，然后单击"全部替换"按钮，即可删除文中所有空格。

（4）在"查找和替换"对话框，光标定位"查找内容"文本框中，输入"●"（使用软键盘的特殊字符或搜狗输入法输入拼音"yq"），光标定位到"替换为"文本框，输入"★"（使用软键盘的特殊字符或搜狗输入法输入拼音"wjx"），然后单击"全部替换"按钮即可。

（5）选中文章第二段，单击"开始"→"编辑"→"替换"（或使用 Ctrl＋H）再次打开"替换对话框"对话框，光标定位"查找内容"文本框中，输入"红树林"，光标定位到"替换为"文本框中，输入"红树林"，然后鼠标单击"更多"→"格式"打开"字体设置"对话框，设置字体为红色、加粗、倾斜。单击"全部替换"，弹出"是否搜索文档的其余部分"的对话框，如图 6－7 所示，单击"否"。

（6）最后文件以原文件名保存。

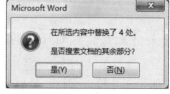

图 6－7　部分搜索完成后对话框

实验 7　Word 2016 的基本排版操作

实验目的

（1）掌握字体和段落格式的设置。

（2）掌握格式刷的使用。

（3）掌握边框和底纹的设置。

（4）掌握页面设置的方法。

（5）掌握页眉和页脚的设置方法。

（6）掌握项目符号和编号的使用。

（7）掌握其他排版操作，如设置尾注和脚注、分栏、首字下沉等。

实验内容

1.字体和段落的格式设置

要求：打开 D:\实验指导文件夹\wordsy 文件夹下的 SY7－1.docx 按如下要求完成。

（1）在文档的最前面插入标题"计算机网络的组成"，设置标题为隶书，小二号字，居中，段前 1 行，段后 1 行。

（2）为标题添加 0.5 磅蓝色双线边框，底纹为"茶色，背景 2"，10％的红色图案。

（3）小标题（1.资源子网 2.通信子网）设置为悬挂缩进 2 字符，段前 0.5 行，段后 0.5 行，字体为楷体，字号为四号字，字体颜色为红色。

（4）将正文（除标题和小标题外）全部设置为小四号字，隶书；首行缩进 2 字符，行距为 1.2 倍行距，段后 0.5 行。

（5）设置文章第一段首字下沉，字体楷体，下沉 3 行。

　　(6)将正文倒数第二段(通信控制处理机:……)分为 2 栏,栏宽相等,栏间距为 1.8 字符,加分隔线。最后以文件名 SY7-11 保存。

　　操作步骤:

　　(1)打开 D:\实验指导文件夹\wordsy 文件夹下的 SY7-1.docx,将光标定位到文章开头,回车添加一行,在该行输入文章标题:"计算机网络的组成"。

　　(2)选中输入的标题,选择"开始"→"字体"选项组,设置字体为"隶书",字号为"小二号字"。选择"开始"→"段落"选项组,单击"居中"按钮。然后单击"段落"选项组,单击"小三角"按钮,打开"段落设置对话框",如图 7-1 所示,在对话框中设置段前 1 行,段后 1 行。

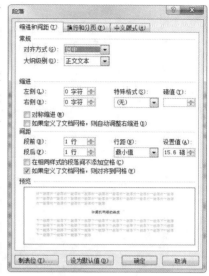

　　(3)选中标题,选择"开始"→"段落"选项组,单击"边框"按钮右边的下拉菜单中的"边框和底纹"(或选择"页面布局"→"页面背景"选项组中的"页面边框"),打开"边框和底纹"设置对话框。如图 7-2(a)所示,选择"边框"选项,类型选择"方框",样式选择"双线",颜色为"蓝色",宽度为 0.5 磅,右侧预览框的下侧设置应用于"文字"。然后选择"底

图 7-1　"标题设置"对话框

纹"选项,如图 7-2(b),在"填充"颜色选项区选择"茶色背景 2",在"图案"选项区的"样式"选择 10%,"颜色"选择"红色",在右侧预览区下侧"应用于"选择"文字"。然后单击"确定"按钮即可。

　　(a)　"边框和底纹"设置边框　　　　　　　(b)　"边框和底纹"设置底纹

图 7-2　"边框和底纹"设置

　　(4)选中"1.资源子网",按住 Ctrl 键再选中"2.通信子网"两行小标题,选择"开始"→"段落"选项组,单击"小三角"按钮,打开"段落"设置对话框,设置段前为 0.5 行,段后为 0.5 行,特殊格式为"悬挂缩进 2 字符",如图 7-3(a)所示;然后选择"开始"→"字体"选项组,设置字体为"楷体",字体颜色为"红色",字号为"四号字"。

　　(5)选中文章第一段,选择"开始"→"字体"选项组,设置字体为"隶书",字号为"小四号";选择"开始"→"段落"选项组,单击"小三角"按钮,打开"段落"设置对话框,设置特殊格式为"首行缩进 2 字符",段后为 0.5 行,行距为"多倍行距",设置值为"1.2",如图 7-3(b)所示,单击"确定"按钮,第一段设置完毕。

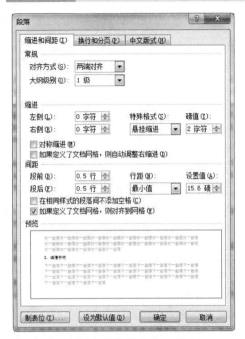

（a）"小标题段落设置"对话框   （b）"正文段落设置"对话框

图7-3 "段落"对话框

（6）选中设置好的第一段，选择"开始"→"剪贴板"选项组，双击"格式刷"按钮，鼠标上会带有一个"小刷子"，依次在文章的正文刷过，然后再次单击"格式刷"按钮，取消鼠标上的小刷子。

（7）光标定位到文章第一段，选择"插入"→"文本"选项组，单击"首字下沉"下拉菜单中的"首字下沉选项"命令，弹出"首字下沉"设置对话框如图7-4所示，设置字体为"楷体"，下沉行数为"3行"，距正文的距离为0厘米。

（8）选中正文倒数第二段（通信控制处理机：……），选择"布局"→"页面设置"选项组，单击"分栏"下拉菜单中"更多分栏"命令，弹出"分栏"对话框，如图7-5所示，栏数为2栏、栏间距为1.8字符，选中栏宽相等前面的复选框，选中分隔线前面的复选框，然后单击"确定"按钮。

图7-4 "首字下沉设置"对话框

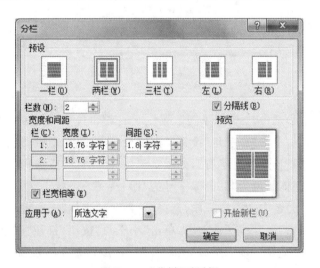

图7-5 "分栏"对话框

(9)最后以文件名 SY7－11 保存，效果图如图 7－6 所示。

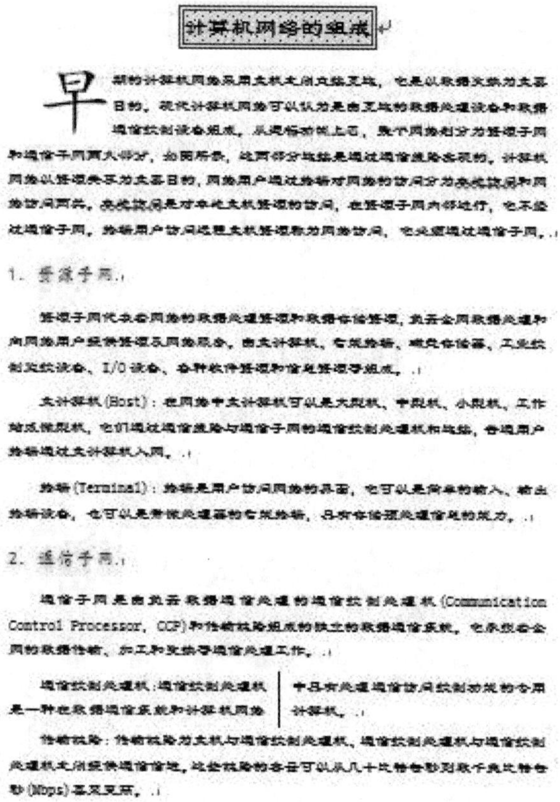

计算机网络的组成

早期的计算机网络采用主机之间直接互连，它是以数据交换为主要目的。现代计算机网络可以认为是由互连的数据处理设备和数据通信控制设备组成。从逻辑功能上看，整个网络划分为资源子网和通信子网两大部分，如图所示，这两部分连接是通过通信线路实现的。计算机网络以资源共享为主要目的，网络用户通过终端对网络的访问分为本地访问和网络访问两类。本地访问是对本地主机资源的访问，在资源子网内部进行，它不经过通信子网。终端用户访问远程主机资源称为网络访问，它必须通过通信子网。

1. 资源子网

资源子网代表着网络的数据处理资源和数据存储资源，负责全网数据处理和向网络用户提供资源及网络服务。由主计算机、专用终端、磁盘存储器、工业控制及控制设备、I/O 设备、各种软件资源和信息资源等组成。

主计算机(Host)：在网络中主计算机可以是大型机、中型机、小型机、工作站或微型机，它们通过通信线路与通信子网的通信控制处理机相连接，普通用户终端通过主计算机入网。

终端(Terminal)：终端是用户访问网络的界面，它可以是简单的输入、输出终端设备，也可以是带微处理器的专用终端，具有存储和处理信息的能力。

2. 通信子网

通信子网是由负责数据通信处理的通信控制处理机(Communication Control Processor，CCP)和传输线路组成的独立的数据通信系统，它承担着全网的数据传输、加工和变换等通信处理工作。

通信控制处理机：通信控制处理机是一种在数据通信系统和计算机网络中具有处理通信访问控制功能的专用计算机。

传输线路：传输线路为主机与通信控制处理机、通信控制处理机与通信控制处理机之间提供通信信道，这些线路的容量可以从几十比特每秒到数千兆比特每秒(Mbps)甚至更高。

图 7－6　“SY7－11.docx”效果图

2.页面设置、页眉和页脚、脚注和尾注的用法

要求：继续对 SY7－11.docx 进行如下编辑。

(1)页边距：上、下为 2.5 厘米，左、右为 3 厘米，页眉、页脚距边界均为 1.5 厘米，纸张为 A4。

(2)页眉为“计算机网络”，页脚为“第 X 页”(X 表示当前页数)，页眉、页脚均为楷体、五号、居中。

(3)在文章标题后面插入尾注“本文出自 Internet 网络”用来说明本文的出处。设置尾注字体为隶书，字号为五号字，尾注标号为阿拉伯数字。

操作步骤：

(1)打开文档 SY7－11.docx，选择“布局”→“页面设置”选项组，单击“小三角”按钮，打开“页面设置”对话框，如图 7－7(a)所示，选择“页边距”选项，设置页边距上、下为 2.5 厘米，左、右为 3 厘米。如图 7－7(b)所示，选择“纸张”选项，纸张大小 A4。如图 7－7(c)所示，选择“版式”选项，页眉和页脚距边界距离均为 1.5 厘米。

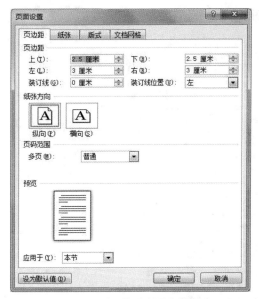

（a） "页面设置之页边距"

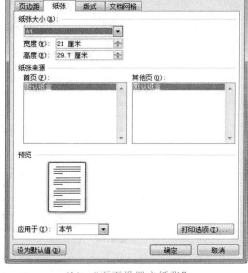

（b） "页面设置之纸张"

（c） "页面设置之版式"

图 7－7 "页面设置"对话框

（2）选择"插入"→"页眉和页脚"选项组，单击"页眉"下拉菜单中的"空白"页眉，在页眉位置输入"计算机网络"，选中插入的"页眉"，选择"开始"→"字体"选项组，设置字体为楷体，字号为五号。

（3）切换到页脚，选择"页眉和页脚工具格式"→"页眉和页脚"选项组，单击"页码"下拉菜单中的"页面底端"级联菜单的"普通数字 2"，然后在插入的页码前面输入"第"，后面输入"页"。选中插入的"第 1 页"，选择"开始"→"字体"选项组，设置字体为楷体，字号为五号。在页眉和页脚之外的地方双击鼠标，关闭页眉和页脚工具。

（4）将光标定位的文章标题后面，单击"引用"→"脚注"选项组，单击"小三角"按钮，打开"脚注和尾注"设置对话框，如图 7－8 所示，设置格式编号为"1，2，3……"，单击"插入"按钮，在文档尾部出现一条横线,在横线下方输入文本"本文出自 Internet 网络",标题的后面出现尾注的标号。选中插入的尾注,选择"开始"→"字体"选项组,设置字体为隶书,字号为五号字。最后以文件名 SY7－12.docx 保存,效果图如图 7－9 所示。

图 7－8 "脚注和尾注"对话框

图 7－9 "SY7－12.docx"效果图

3.项目符号和编号

　　要求:打开 D:\实验指导文件夹\wordsy 文件夹下的 SY7－2.docx 编辑图 7－10 所示的编号列表和项目符号列表。

编号列表	项目符号列表
1　内蒙古	● 内蒙古
2　吉林	● 吉林
3　河北	● 河北
3.1　石家庄	石家庄
3.1.1　赵县	赵县
3.1.2　元氏	元氏
3.1.3　栾城	栾城
3.2　保定	保定
3.3　廊坊	廊坊
4　山东	● 山东
4.1　青岛	青岛
4.2　烟台	烟台
5　河南	● 河南

图 7－10 效果图

操作步骤：

（1）选中第一部分（内蒙古……河南），选择"开始"→"段落"选项组，单击"多级列表"下拉菜单，如图 7－11 所示，选择列表库的"第一种编号样式"。

（2）选中"石家庄 赵县……廊坊"，单击"开始"→"段落"→"增加缩进量"按钮。

（3）选中"赵县 元氏 栾城"，单击"开始"→"段落"→"增加缩进量"。

（4）选中"青岛 烟台"，单击"开始"→"段落"→"增加缩进量"。

（5）选中第二部分（内蒙古……河南），选择"开始"→"段落"选项组，单击"项目符号"下拉菜单，如图 7－12 所示，选择"●"作为项目符号。

（6）选中"石家庄 赵县……廊坊"，单击"开始"→"段落"→"增加缩进量"按钮。再单击"项目符号"下拉菜单，如图 7－12 所示，单击"定义新的项目符号"命令，打开"定义新的项目符号"对话框，如图 7－13 所示，选择"☞"作为项目符号，如图 7－14 所示。

图 7－11　"多级编号"设置

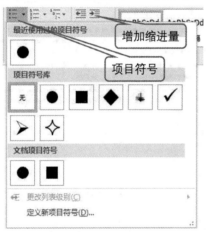

图 7－12　"项目符号"设置

图 7－13　"定义新项目符号"对话框

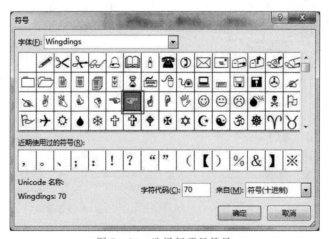

图 7－14　选择新项目符号

(7)选中"赵县 元氏 栾城",单击"开始"→"段落"→"增加缩进量"。再单击"项目符号"下拉菜单,打开"定义新的项目符号"对话框,选定"☝",单击"确定"按钮。

(8)选中"青岛 烟台",单击"开始"→"段落"→"增加缩进量",再单击"项目符号"下拉菜单,选择"☞"作为项目符号。

(9)设置好编号和符号后,将文档内容全部选中,选择"页面布局"→"页面设置"选项组,单击"分栏"下拉菜单中的"两栏"。最后以原文件名保存。

实验 8　Word 2016 图文混排

实验目的

1.掌握图片的排版操作,包括插入图片、编辑图片、设置图片格式。

2.掌握文本框的使用方法。

3.掌握自选图形的绘制和格式设置。

4.掌握艺术字的使用方法。

5.掌握图文混排操作方法。

实验内容

1.图文混排

要求:打开 D:\实验指导文件夹\wordsy 文件夹下的 SY8−1.docx 按要求完成。

(1)设置标题为艺术字,艺术字样式为第一行第二列(填充−蓝色,着色 1,阴影),字体为华文行楷,字号为 36,设置艺术字的转换效果为波形 1。

(2)插入"星与旗帜"中的"波形"形状,高度为 3 厘米,宽度为 8 厘米,设置填充颜色为"橄榄色,个性色 3,淡色 80%",无轮廓。

(3)将艺术字与波形互相水平居中,互相垂直居中,组合,艺术字在上,波形在下。设置组合后对象的环绕方式为上下型,水平相对于页边距居中,垂直相对于页边距顶端对齐。

(4)在文章中插入 Wordsy 文件夹下的图片文件"SY8−1.jpg",图片高度为 5 厘米,宽度为 3 厘米。为图片添加图注(使用文本框)"导游机器人",文本框高 0.6 厘米,宽 3 厘米,无填充颜色,无线条颜色,图注的字体为宋体、五号字,文字水平居中,文本框内部边距均为 0。

(5)将图片和文本框相对水平居中对齐,将图片和文本框组合。将组合后的对象环绕方式设置为"四周型",水平距页边距右侧 11 厘米,垂直距页边距 13 厘米,环绕文字只在左侧。

(6)为文档添加艺术型页面边框。

(7)最后以原文件名保存。

操作步骤:

(1)选中标题,选择"插入"→"文本"选项组,单击"插入艺术字"下拉菜单中的第一行第二列样式。选中插入的艺术字,选择"开始"→"字体"选项组,设置字体为华文行楷,字号为 36。保持艺术字选中状态,选择"绘图工具格式"→"艺术字样式"选项组,单击"文本效果"下拉菜单中的"转换"级联菜单,如图 8−1 所示,选择"波形 1"。

图 8−1　"艺术字文本效果"

(2)选择"插入"→"插图"选项组,单击"形状"下拉菜单中的"星与旗帜"→"波形",鼠标变成"十",按下鼠标左键,拖动鼠标到合适的位置。"绘图工具格式"选项卡出现在功能区,选择"绘图工具格式"→"形状样式"选项组,单击"形状填充"右侧下拉菜单,选择"橄榄色,个性色3,淡色80％";单击"形状轮廓"右侧下拉菜单,选择"无轮廓"。选择"绘图工具格式"→"大小"选项组,设置高度为3厘米,宽度为8厘米。

（3）选中艺术字,拖动到波形上,如果艺术字被"波形"遮住,则单独选中"艺术字",选择"绘图工具格式"→"排列"选项组,单击"上移一层"命令。然后按住Shift键,选中"波形",选择"绘图工具格式"→"排列"选项组,单击"对齐"下拉菜单中的"左右居中",再次单击"对齐"下拉菜单中"上下居中"。

（4）保持艺术字和波形的选中状态,选择"绘图工具格式"→"排列"选项组,单击"组合"下拉菜单中的"组合"命令。

（5）选中组合后的图形,选择"绘图工具格式"→"排列"选项组,单击"位置"下拉菜单中的"其他布局选项"命令,打开"布局"对话框,选择"文字环绕"选项,如图8－2(a)所示,设置环绕方式为"上下型"。选择"位置"选项,如图8－2(b)所示,设置水平对齐方式为相对于页边距居中,垂直对齐方式为相对于页边距居中。

（a）"文字环绕方式"设置　　　　　（b）"对象位置"设置

图8－2　"布局"对话框

（6）将光标定位到文中,选择"插入"→"插图"选项组,单击"图片"按钮,弹出"插入图片"对话框,如图8－3所示,找到D:\实验指导文件夹\wordsy\SY8－1.jpg,单击"插入"按钮。选中图片,选择"图片工具格式"→"排列"选项组,单击"环绕文字"下拉菜单中的"四周型",选择"图片工具格式"→"大小"选项组,设置图片的高度为5厘米,宽度为3厘米。

（7）选择"插入"→"文本"选项组,单击"文本框"下拉菜单中的"简单文本框",在文本框中输入"导游机器人",选中文本框,选择"开始"→"字体"选项组,设置字体为宋体,字号为五号字。选择"段落"选项组,单击"居中"按钮;重新选中文本框,选择"绘图工具格式"→"大小"选项组,设置文本框高度为0.6厘米,宽度为3厘米。选择"绘图工具格式"→"形状样式"选项组,单击"形状填充"下拉菜单中的"无填充颜色","形状轮廓"下拉菜单中的"无轮廓"。选择"绘图工具格式"→"形状样式"选项组,单击"小三角按钮",打开"设置形状格式"对话框,切换至"布局属性",如图8－4所示,选择"文本框",设置文本框内部边距为0。

图8-3　"插入图片"对话框　　　　　图8-4　设置"文本框内部边距"

（8）选中图片和文本框，选择"绘图工具格式"（或"图片工具格式"）→"排列"选项组，单击"对齐"下拉菜单中的"左右居中"，然后单击"组合"下拉菜单中的"组合"命令。

（9）选中组合后的对象，选择"绘图工具格式"（或"图片工具格式"）→"排列"选项组，单击"位置"下拉菜单，打开"布局"对话框，选择"文字环境"选项，设置文字环境方式为"四周型"，文字排列为"只在左侧"，如图8-5（a）所示。选择"位置"选项，设置水平距页边距右侧11厘米，垂直距页边距下侧13厘米，如图8-5（b）所示。单击"确定"按钮。

（a）"文字环绕方式"设置　　　　　（b）"对象位置"设置

图8-5　"布局"对话框

（10）选择"设计"→"页面背景"选项组，单击"页面边框"命令，打开"边框和底纹"设置对话框，选择"页面边框"选项，如图8-6所示，艺术型中选中如图所示边框，单击"确定"按钮。最后文档以原文件名保存，效果图如图8-7所示。

图8-6　"页面边框"设置　　　　　图8-7　"SY8-1.docx"效果图

2.自选图形的绘制

要求：打开 D:\实验指导文件夹\wordsy\SY8－2.docx，在文章中“为了成功地开发这三大技术……”一段的后面参照 Wordsy 文件夹下的“SY8－2.jpg”文件绘制图形，要求如下。

(1)使用文本框和基本形状中的弧线。

(2)图中文字为五号字，宋体，水平居中。

(3)绘制完成后将其组合，设置组合后的图形环绕方式为“上下型”，相对于页面水平居中。

(4)将排版后的文件以原文件名存盘，效果图如图 8－8 所示。

操作步骤：

(1)将光标定位在文中空白处，选择“插入”→“文本”选项组，单击“文本框”下拉菜单中“绘制文本框”，鼠标变为“十”状，拖动鼠标至合适位置松开鼠标，在文本框中输入文本“现实系统”。

(2)选中文本框，选择“开始”→“字体”选项组，设置字体为宋体，字号为五号字。单击“段落”选项组中的“居中”按钮。然后保持文本框选中状态，使用 Ctrl＋C 复制，然后光标定位到文中，使用 Ctrl＋V 粘贴，重复三次“粘贴”按钮，文中出现四个文本框，然后把其中三个文本框中的文字，分别改为“观察者”“仿真系统”“传感系统”。

(3)按照 SY8－2.jpg 图片，分别将四个文本框放在合适位置。

(4)选择“插入”→“形状”选项组，单击“形状”下拉菜单中“基本形状”中“弧型”，鼠标变为“十”状，按住 Shift 键，拖动鼠标到合适位置，画出一条弧线，然后通过复制和旋转操作，得到需要的四条弧线。

(5)将四个文本框和四根弧线放在合适位置，按住 Shift 键全部选中(或选择“绘图工具格式”→“排列”选项组，单击“选择窗格”按钮，在“选择窗格”里使用 Ctrl 键配合，全部选中)，选择“绘图工具格式”→“排列”选项组，单击“组合”下拉菜单中的“组合”命令。

(6)选中组合后的对象，拖动鼠标到文章中“为了成功地开发这三大技术……”一段的后面，保持组合对象的选中状态，选择“绘图工具格式”→“排列”选项组，单击“自动换行”下拉菜单中的“上下型环绕”，然后单击“对齐”下拉菜单中的“左右对齐”。

(7)最后文档以原文件名保存，效果图如图 8－8 所示。

虚拟现实技术

虚拟与现实两词具有相互矛盾的含义，把这两个词放在一起，似乎没有意义，但是科学技术的发展却赋予了它新的含义。虚拟现实的明确定义不太好说，按最早提出虚拟现实概念的学者 J.Laniar 的说法，虚拟现实，又称假想现实，意味着“用电子计算机合成的人工世界”。从此可以清楚地看到，这个领域与计算机有着不可分离的密切关系，信息科学是合成虚拟现实的基本前提。

生成虚拟现实需要解决以下三个主要问题：

■以假乱真的存在技术。即，怎样合成对观察者的感官器官来说与实际存在相一致的输入信息，也就是如何可以产生与现实环境一样的视觉，触觉，嗅觉等。

■相互作用。观察者怎样积极和能动地操作虚拟现实，以实现不同的视点景象和更高层次的感觉信息。实际上也就是怎么可以看得更像，听得更真等等。

■自律性现实。感觉者如何在不意识到自己动作、行为的条件下得到栩栩如生的现实感。

为了成功地开发这三大技术，虚拟现实必须处理好如下图所示的各个要素之间的相互关系。在这里，观察者、传感器、计算机仿真系统与现实系统构成了一个相互作用的闭环流程。

权威人士断言，虚拟现实技术将是 21 世纪信息技术的代表。它的发展，不仅从根本上改变人们的工作方式和生活方式，劳和逸将真正结合起来，人们在享受环境中工作，在工作过程中得到享受；而且虚拟现实技术与美术、音乐等文化艺术的结合，将诞生人类的第九艺术。随着计算机技术的发展，在 PC 机上实现虚拟现实技术已成为可能。所以，目前虚拟现实技术系统的运行趋势为单机桌面和互联网两种主要方式，因此，它对计算机硬件技术和网络技术的发展和应用也有很大的刺激作用。

今天，虚拟现实已经发展成一门涉及计算机图形学、精密传感机构、人机接口及实时图像处理等领域的综合性学科。虚拟现实技术分虚拟实景（境）技术（如虚拟游览故宫博物馆）与虚拟虚景（境）技术（如虚拟现实环境生成、虚拟设计的波音 777 飞机等）两大类。虚拟现实技术的应用领域和交叉领域非常广泛，几乎到了无所不包、无孔不入的地步，在虚拟现实技术战场环境，虚拟现实作战指挥模拟，飞机、船舶、车辆虚拟现实驾驶训练，飞机、导弹、轮船与轿车的虚拟制造（含系统的虚拟设计），虚拟现实建筑物的展示与参观，虚拟现实手术培训，虚拟现实游戏，虚拟现实影视艺术等等方面的应用和产业的形成都有强烈的市场需求和技术驱动。

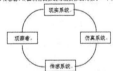

图 8－8 “SY8－2.docx”效果图

实验 9　Word 2016 的综合排版

实验目的

通过综合实例掌握 Word 2016 的排版技巧。

实验内容

综合例题:编辑排版 SY9－1.docx

要求:打开 D:\实验指导文件夹\wordsy\SY9－1.docx 按如下要求完成。

(1)基本编辑。

①将文章中所有英文的":"替换为中文的":"。

②删除文章中所有的空行。

③将文中"二、中华文明……"与"三、社会和谐……"两段内容互换位置,并更改序号。

(2)排版。

①页边距:上、下为 2.4 厘米;左、右为 3 厘米;纸张大小 A4。

②将文章标题"中国梦"设置为华文新魏、二号、粗体,文字效果为"中等渐变——个性色 2",渐变光圈停止点 2 的位置设为 50%,颜色选择"橄榄色,个性色 3,淡色 40%",水平居中,段前 1 行,段后 1 行。

③设置文章中正文文字为宋体、小四号字,左对齐,首行缩进 2 字符,行距为最小值 20 磅。将文章第一段文字分成等宽的两栏,有分隔线。在文章页脚中插入页码,页码居中对齐。

(3)图文操作。

①在文章中插入 Wordsy 文件夹下的图片文件"SY9－1.jpg",将图片宽度、高度设为原来的 70%。为图片添加图注(使用文本框)"中国梦,人民的梦",文本框高 0.8 厘米,宽 3.5 厘米,无填充颜色,无线条颜色。图注的字体为宋体、加粗、五号字,蓝色,文字水平居中对齐。

②将图片和图注相对水平居中对齐,然后组合。组合后的图形环绕方式设置为"四周型",环绕文字只在左侧,距正文左、下均为 0.2 厘米,上、右均为 0 厘米,图片位置水平距页边距右侧为 9.2 厘米,垂直距页边距下侧为 13 厘米。

③最后以原文件名保存。

操作步骤:

(1)打开 D:\实验指导文件夹\wordsy\SY9－1.docx,光标定位的文章开头,使用 Ctrl＋H 组合键(或者选择"开始"→"编辑"选项组,单击"替换"按钮),打开"查找和替换"对话框,光标定位在"查找内容"文本框,输入一个半角的":",然后把光标定位到"替换为"文本框,输入一个中文的":",单击"全部替换"按钮。

(2)打开"查找和替换"对话框,将光标定位在"查找内容"文本框,插入两个"段落标记",(方法是:单击对话框中的"更多",如图 9－1 所示,单击"特殊字符"级联菜单中的"段落标记"),然后把光标定位到"替换为"文本框中,插入一个"段落标记"。连续单击"查找和替换"对话框中的"全部替换",直到弹出"全部完成。完成 0 处替换"信息,如图 9－2 所示,然后回到文中将第一行空行使用"Delete"键删除。

图 9－1　"插入段落标记"方法　　　　　图 9－2　表示"空行"删除完毕

（3）选中第三部分(三、社会和谐……)按住鼠标左键向前拖动,光标至第二部分(二、中华文明……)前面,松开鼠标左键,两段即交换位置,然后修订编号。

（4）光标定位在文中,选择"页面布局"→"页面设置"选项组,单击"小三角"按钮,打开"页面设置"对话框,选择"页边距"选项,设置页边距上、下为 2.4 厘米,左、右为 3 厘米,如图 9－3(a)所示。选择"纸张"选项,设置纸张大小为 A4,如图 9－3(b)所示。

（a）"页边距设置"方法　　　　　（b）"纸张设置"方法

图 9－3　"页面设置"对话框

（5）选中文章标题"中国梦",选择"开始"→"字体"选项组,设置字体为华文新魏,字号为二号字,粗体,单击"字体颜色"下拉菜单中的"渐变"级联菜单中的"其他渐变"打开"设置文本效果格式"对话框,如图 9－4 所示,选择"文本填充"→"渐变填充"→"预设颜色"为"中等渐变——个性色2",将停止点 2 的位置改为 50％处,颜色选择"橄榄色,个性色 3,淡色 40％",单击"关闭"按钮。

（6）保持标题的选中状态,选择"开始"→"段落"选项组,单击"居中"按钮;选择"页面布局"→"段落"选项组,设置间距为段前 1 行,段后 1 行。

（7）选中文章正文,选择"开始"→"字体"选项组,设置字体为宋体,字号为小四号字;单击"段落"选项组的"小三角"按钮,打开"段落"对话框,如图 9－5 所示,设置对齐方式为"左对齐",特殊格式为"首行缩进 2 字符",行距"最小值为 20 磅"。

图 9-4　文字效果设置

图 9-5　段落格式设置

(8)选中文章第一段,选择"页面布局"→"页面设置"选项组,单击"分栏"下拉菜单中的"更多分栏",打开"分栏"设置对话框,如图 9-6 所示,设置栏数为 2,选中栏宽相等前面的复选框,选中分割线前面的复选框,单击"确定"按钮。

(9)选择"插入"→"页眉和页脚"选项组,单击"页码"下拉菜单中的"页面底端"级联菜单中的"普通数字 2"。

(10)光标定位到文中,选择"插入"→"插图"选项组,单击"图片"按钮,打开"插入图片"对话框,找到 D:\实验指导文件夹\wordsy\SY9-1.jpg,单击"插入"按钮插入图片。

(11)选中图片,选择"图片工具格式"→"排列"选项组,单击"自动换行"下拉菜单中的"四周型环绕"。保持图片选中状态,选择"图片工具格式"→"大小"选项组,单击"小三角"按钮,打开"布局"对话框"大小"选项,如图 9-7 所示,设置缩放比例高度、宽度均为 70%,单击"确定"按钮。

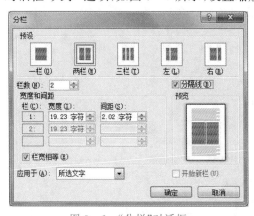

图 9-6　"分栏"对话框

图 9-7　图片大小设置

(12)选择"插入"→"文本"选项组,单击"文本框"下拉菜单中的简单文本框,选中插入的文本框,输入文本"中国梦,人民的梦",再次选中"文本框",选择"绘图工具格式"→"大小"选项组,设置文本框的高度 0.8 厘米,宽度为 3.5 厘米。保存"文本框"的选中状态,选择"绘图工具格式"→"形状样式"选项组，单击"形状填充"中"无填充颜色"，单击"形状轮廓"下拉菜单中的"无轮廓"。选择"开始"→"字体"选项组，设置字体为宋体、加粗、字号为五号字，字体颜色为标准色蓝色。单击"段落"选项组中的"居中"按钮。

（13）将插入的文本框拖动至图片的下方，按住 Shift 键选择图片，选择"绘图工具格式（或图片工具格式）"→"排列"选项组，单击"对齐"下拉菜单中的"左右居中"，单击"组合"下拉菜单中的组合。然后保持组合对象的选中状态，选择"绘图工具格式（或图片工具格式）"→"排列"选项组，单击"位置"下拉菜单中的"其他布局选项"，打开"布局"对话框的文字环绕设置，如图 9—8 所示，设置环绕方式为"四周型"，自动换行为"只在左侧"，距正文下、左为 0.2 厘米，上、右为 0 厘米。选择"位置"选项，如图 9—9 所示，设置水平距页边距右侧 9.2 厘米，垂直距页边距下侧 13 厘米。单击"确定"按钮。最后文档以原文件名保存。

图 9—8　"文字环绕"设置

图 9—9　对象位置设置

实验 10　Word 2016 表格的操作

实验目的

(1)掌握表格的创建、编辑和格式化等操作。

(2)掌握表格的公式和排序功能。

(3)掌握表格与文本之间的转换。

实验内容

1.制作并格式化表格

要求:新建一个空白文档,并按要求进行如下操作(样表为 BG10-1.jpg)

(1)创建 9 行 7 列的表格,各行行高与列宽如下。

第一行行高为固定值 1.06 厘米,其余各行行高均为固定值 0.8 厘米。第一、二列列宽为 1 厘米,其余各列列宽为 2 厘米。

(2)按样表所示合并单元格,并在左上角的第一个单元格中添加 1 磅的左斜线,并添加相应文本,文本格式为宋体,五号字,第一行文本设为红色字体。

(3)按样表所示设置表格线:双细线 0.5 磅,标准色蓝色。

(4)设置表格第一行为标准色浅绿底纹。整个表格水平居中,除左上角第一个单元格外,表格中文字对齐方式为水平垂直都居中。

(5)最后将此文档以 BG10-1.doc 为文件名另存到 Wordsy 文件夹中。

操作步骤:

(1)单击"文件"→"新建",新建一个空白文档(或者启动 Word 2010 应用程序,自动创建一个空白文档),选择"插入"→"表格"选项组,单击"表格"下拉菜单中的"插入表格"命令,打开"插入表格"对话框,如图 10-1 所示,设置列数为 7,行数为 9,单击"确定"按钮。

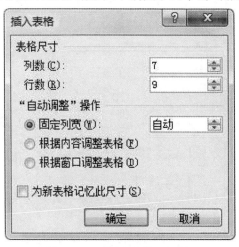

图 10-1　"插入表格"对话框

(2)选中插入的表格,右击鼠标,在弹出的快捷菜单中选择"表格属性",打开"表格属性"对话框,选择"行"选项,如图 10-2(a)所示,设置第一行行高为固定值 1.06 厘米,其余各行行高均为固定值 0.8 厘米。选择"列"选项,如图 10-2(b)所示,设置第一、二列列宽为 1 厘米,其余各列列宽为 2 厘米。

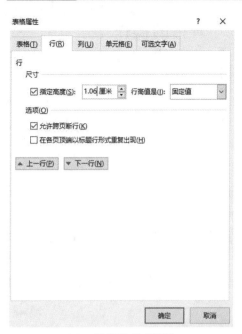

（a）设置行高对话框

（b）设置列宽对话框

图10－2　行高列宽设置

（3）选中第一行第一列和第一行第二列单元,选择"表格工具布局"→"合并"选项组,单击"合并单元格"按钮。同理,使用该方法按照样表 BG10－1 合并单元格。

（4）光标定位到第一行第一列单元格内,打开"开始"→"段落"选项组中的"边框和底纹"对话框,选择直线样式,宽度 1.0 磅,点击预览窗口右下侧斜线按钮,应用于"单元格"。为第一行第一列单元格内添加一条斜线,然后按样表位置添加文本,如图10－3所示。

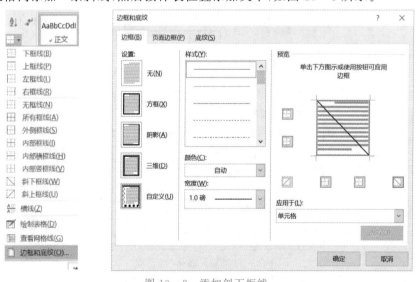

图10－3　添加斜下框线

（5）选中表格,选择"开始"→"字体"选项组,设置字体为宋体,字号为五号字。然后选中表格第一行,设置字体颜色为标准色红色。

（6）选择"表格工具设计"→"表格样式"选项组,单击"边框"下拉菜单中的"边框和底纹"命令,打开"边框和底纹"对话框,如图10—4所示。设置选择"自定义",样式选择"双细线",颜色选择"标准色蓝色",宽度为默认,在预览窗口单击表格的外边框,然后单击"确定"按钮,选择表格的第一行,使用同样的方法设置第一行下边框为蓝色双细线。同理,设置两外两条蓝色双细线边框。

(7)选中第一行,选择"表格工具设计"→"表格样式"选项组,单击"底纹"下拉菜单中的标准色浅绿色。

图10—4 "自定义设置边框"

(8)选中整个表格,选择"开始"→"段落"选项组,单击"居中"按钮使整个表格水平居中;然后选中第二例到第七列,选择"表格工具布局"→"对齐方式"选项组,单击"水平居中"按钮,即设置了这部分文字对齐方式为水平垂直都居中。同理,设置除第一行第一列的其余部分文字对齐方式为水平垂直都居中。

(9)最后文档以BG10—1.docx为文件名另存到D:\实验指导文件夹\wordsy文件夹中。

2.表格公式和排序功能

要求:打开D:\实验指导文件夹\wordsy\BG10—2.docx文件,按如下要求操作。

(1)在表格最后一列的右侧插入一空列,输入列标题"平均成绩",在这一列下面的各单元格中计算其左边相应3项成绩的平均值,数字格式为"0.00"。并按平均成绩由高到低排序。

(2)设置表格列宽均为2.4厘米;第一行行高为固定值1.0厘米,其他行行高均为固定值0.7厘米;表格边框线为1.5磅,表内线条为1磅,边框样式参照样表所示(样表为BG10—2.jpg)。

(3)设置表格第一行文字加粗,底纹为标准色浅蓝色。

(4)表格中的文字水平、垂直均居中对齐。

(5)最后将此文档以原文件名保存。

操作步骤:

(1)光标定位在最后一列,选择"表格工具布局"→"行和列"选项组,单击"在右侧插入"命令按钮;插入列的列标题输入"平均成绩",光标定位在第二行第五列单元格,选择"表格工具布局"→"数据"选项组,单击"公式"按钮,弹出"公式"对话框,如图10—5所示,公式文本框中输入"=AVERAGE(Left)",可以通过"粘贴函数"列表框选择;编号格式选择"0.00",单击"确定"按钮。使用Ctrl+Y组合键,填充其他人的平均成绩(Ctrl+Y组合键的功能是复制上一次操作,所以在用公式求出第一个人的平均成绩后,要立即用Ctrl+Y组合键去求其他人的平均成绩,中间不能间隔其他操作)。

图10—5 "公式"对话框

（2）光标定位在"平均成绩"列，选择"表格工具布局"→"数据"选项组，单击"排序"按钮，弹出"排序"对话框，如图 10－6 所示，设置主要关键字为"平均成绩"，选中"升序"前面的单选框，单击"确定"按钮。

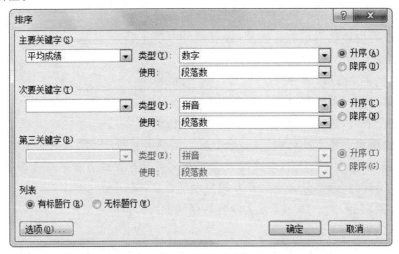

图 10－6　"排序"对话框

（3）选中表格，右击鼠标，在弹出的快捷菜单中单击"表格属性"，打开"表格属性"对话框，选择"行"选项，如图 10－7(a)，设置 1～7 行行高为固定值 0.7 厘米，然后单击"下一行"，设置第一行行高为固定值 1 厘米；选择"列"选项，如图 10－7(b)所示，设置列宽为 2.4 厘米。

（a）　"行高设置"　　　　　　　　　（b）　"列宽设置"

图 10－7　"表格属性"对话框

（4）选中表格，选择"表格工具设计"→"表格样式"选项组，单击"边框"下拉菜单中的"边框和底纹"，打开"边框和底纹"对话框，按照样表格式设置外边框为 1.5 磅实线，内框为 1 磅实线。

（5）选中第一行，选择"开始"→"字体"选项组，设置字体为加粗。选择"表格工具设计"→"表格样式"选项组，单击"底纹"下拉菜单中的标准色浅蓝色。

（6）选中表格，选择"表格工具布局"→"对齐方式"选项组，单击"水平居中"按钮，设置表格中文字既水平居中，又垂直居中。

（7）最后以原文件名保存。

3.文本转换为表格

要求:打开 D:\实验指导文件夹\wordsy\BG10－3.docx 文件,按如下要求操作。

(1)将文中的文本信息转换为 5 行 5 列的表格。

(2)设置表格行高为固定值 0.8 厘米,列宽为 2.6 厘米。

(3)设置表格样式为"浅色列表—强调文字颜色 4"。

(4)整个表格水平居中。表格中文字既水平居中,又垂直居中。

操作步骤:

(1)打开 D:\实验指导文件夹\wordsy\BG10－3.docx 文件,全部选中文档中文字,选择"插入"→"表格"选项组,单击"表格"下拉菜单中的"文本转换成表格"命令,弹出"将文字转换成表格"对话框,如图 10－8 所示,文字分割位置为空格,表格尺寸为 5 行 5 列,单击"确定"按钮。

图 10－8　"将文字转换成表格"对话框

(2)选中生成的表格,右击鼠标,在弹出的快捷菜单中单击"表格属性",打开"表格属性"对话框,在该对话框中设置所有行行高为 0.8 厘米,设置所有列列宽为 2.6 厘米。

(3)保持表格的选中状态,选择"表格工具设计"→"表格样式"选项组,设置表格样式为"浅色列表—强调文字颜色 4"。

(4)保持表格的选中状态,选择"开始"→"段落"选项组,单击"居中"按钮。选择"表格工具布局"→"排列"选项组,单击"水平居中"设置表中文字既水平居中,又垂直居中。

(5)最后以原文件名保存,样表效果见 D:\实验指导文件夹\wordsy\BG10－3.jpg。

实验 11　Word 2016 的高级应用

实验目的

(1)掌握分节、页眉奇偶页不同的设置。

(2)掌握样式的设置和应用。

(3)掌握目录的制作。

实验内容

以本科生毕业论文为例,掌握 Word 2016 的高级应用。

要求:

(1)页边距:上为 2.5 厘米,下、左、右各为 2 厘米,装订线位置左侧,装订线 0.5 厘米。

(2)页眉:距边界 1.5 厘米,奇偶页页眉不同,正文偶数页页眉为"学士学位设计",字体为五号宋体,奇数页页眉为"各章节名称"。页脚:距边界 1.75 厘米,页脚中的页码用阿拉伯数字表示。

(3)正文使用小四号、宋体、22 磅行距。

(4)1 前言(可作为正文 1 级标题,用小三号、黑体,左对齐,段前段后间距各 0.5 行(文本缩进 0.5 厘米)。

(5)1.1 问题的提出(作为正文 2 级标题,用四号仿宋体,加粗,左对齐;段前段后间距各 0.5 行,文本缩进 1 厘米),用原文件名保存。

操作步骤：

(1)打开 D:\实验指导文件夹\wordsy\SY11－1.docx 文档,全部选中,选择"布局"→"页面设置"选项组,单击"小三角"按钮,打开"页面设置"对话框,选择"页边距"选项,如图 11－1(a)所示,设置页边距上为 2.5 厘米,下、左、右各为 2 厘米,装订线位置左侧,装订线 0.5 厘米。选择"版式"选项,如图 11－1(b)所示,设置"页眉和页脚"的"奇偶页不同"前面的复选框,距边界页眉是 1.5 厘米,页脚是 1.75 厘米。

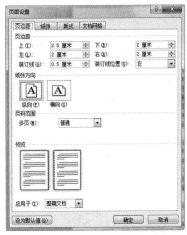

(a) "设置页边距"对话框　　　　　　　(b) "设置版式"对话框

图 11－1　页边距和版式设置

(2)选中全文,选择"开始"→"字体"选项组,设置字体为宋体,字号为小四号字。选择"段落"选项组,单击"小三角"按钮,打开"段落"设置对话框。设置行距为固定值 22 磅,特殊格式为"首行缩进 2 字符"。

(3)修改标题 1 样式:选中第一个一级标题,选择"开始"→"样式"选项组,单击"小三角"按钮,打开"样式"对话框,如图 11－2 所示,单击"标题 1"下拉菜单中的"修改",打开"修改样式"对话框,如图 11－3(a)所示,字号为小三号、字体为黑体、左对齐、段前段后间距各 0.5 行。

图 11－2　"样式"对话框

（4）修改样式：选中第一个二级标题，单击"样式"设置对话框中的"标题 2"下拉菜单中的"修改"，打开"修改样式"对话框，如图 11-3(b)所示，字号为四号字、字体为仿宋体、加粗、左对齐、段前段后间距各 0.5 行。

（a）　修改"标题 1"样式

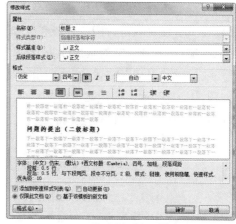

（b）　修改"标题 2"样式

图 11-3　"修改样式"对话框

（5）选择"开始"→"段落"选项组，单击"多级符号"下拉菜单中的"定义新的多级列表"命令，打开"定义新多级列表"对话框，如图 11-4(a)所示，定义"标题 1"为一级标题，将级别链接到"标题 1"，然后定义"标题 2"为二级标题，如图 11-4(b)所示，将级别链接到"标题 2"。

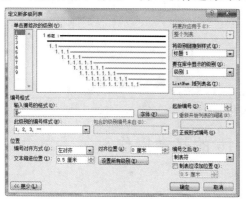

（a）　"标题 1"多级符号

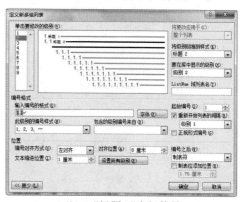

（b）　"标题 2"多级符号

图 11-4　"定义新多级列表"对话框

（6）样式修改完毕，选中文章的一级标题，在"样式"窗口单击"标题 1"。同理，设置文中所有的一级标题和二级标题。

（7）设置完毕后，将光标定位在"2 开发软件介绍"前面，选择"布局"→"页面设置"选项组，单击"分隔符"下拉菜单中的"分节符下一页"。同理，在后面每一章的前面插入一个"分节符下一页"，将全文 5 章分为 5 个节。

（8）选择"插入"→"页眉和页脚"选项组，单击"页眉"下拉菜单中的"空白"页眉，在奇数页页眉输入文本"1 前言"，偶数页页眉输入文本"学士学位设计"。切换到第二节的奇数页页眉，选择"页眉和页脚工具设计"→"导航"选项组，单击"链接到前一条页眉"，取消该小节与前面小节的链接，输入文本"2 开发软件简介"。同理，设置后面几个小节的奇数页页眉。

（9）选择"页眉和页脚工具设计"→"页眉和页脚"选项组，单击"页码"下拉菜单中"页面底端"级联菜单中的"简单数字2"，然后切换到偶数页页脚，插入同样的页码，鼠标在空白处双击，关闭"页眉和页脚工具"。

（10）光标定位到文章的开头，插入一个"分节符下一页"，前面空出一个空白页，以便插入目录。鼠标在页眉位置双击，打开"页眉和页脚工具"，将光标定位到第二节的奇数页页眉，断开和前面小节的链接，将第一节的页眉改为"目录"。光标定位到空白页开头，输入"目录"，设置为宋体，四号字。选择"引用"→"目录"选项组，单击"目录"下拉菜单中的"插入目录"，打开"目录"对话框，如图11－5所示。选择显示级别2级，显示页面，页码右对齐，显示制表符前导符，单击"确定"按钮。用原文件名保存。

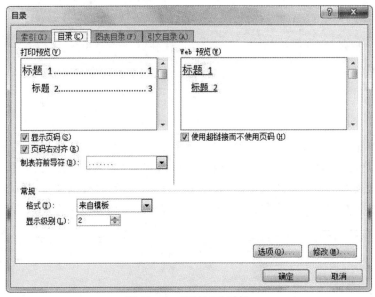

图11－5　"目录"对话框

实验 12　Excel 2016 的基本操作

一、实验目的

（1）掌握 Excel 2016 的启动与退出方法。
（2）掌握工作簿的基本操作和工作表的管理操作。

二、实验内容

1.工作簿的操作

要求：

（1）启动 Excel 应用程序，新建一工作簿。
（2）将此文件以"SY12－1.xlsx"为名保存到 F：。
（3）将此文件以"SY12－11.xlsx"为名另存到 F：。
（4）关闭此文件。

操作步骤：

（1）选择"开始"→"Excel 2016"命令。启动 Excel 2016，单击"空白工作簿"，系统自动创建一个名为工作簿1的工作簿文档。图12-1所示为 Excel 2016 工作界面。

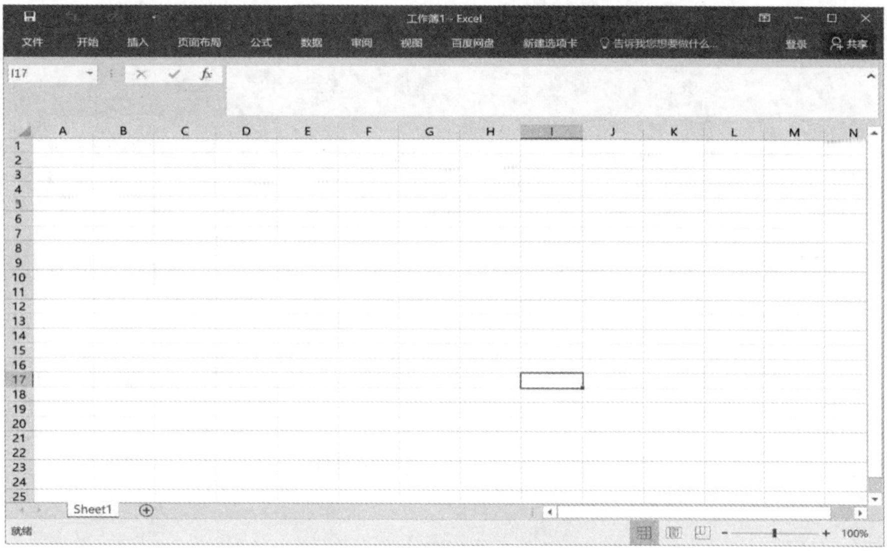

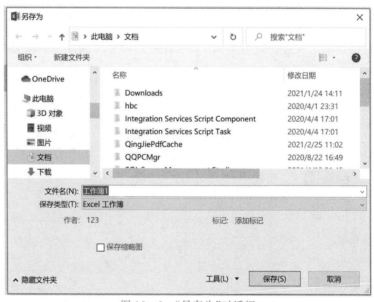

图12-1　Excel 2016 工作界面

(2)保存文件。选择"文件"→"保存"命令,或单击"快速访问工具栏"中的"保存"按钮,双击右侧另存为选项中的"这台电脑"菜单,打开"另存为"对话框,如图12-2所示,确定保存位置为 F:,文件名为 SY12-1.xlsx,保存类型为 Excel 工作簿(.xlsx)。

图12-2　"另存为"对话框

(3)另存文件。选择"文件"→"另保存"命令,打开"另存为"窗口,确定保存位置为 F:,文件名为 SY12-11.xlsx,保存类型为 Excel 工作簿(.xlsx)。

(4)关闭与退出。选择"文件"→"关闭"命令,可关闭工作簿文件,但不会退出 Excel 2016 应用程序。在关闭文件时,如果在上次保存之后又对文档进行了修改,则提醒用户再次进行保存;如果执行""退出"命令,可关闭 Excel 2016 程序,同时也在确定文件的更改被保存之后关闭已打开的所有工作簿文件。退出也可通过点击窗口按钮实现，如图 12－3 所示。

图 12－3　退出 Excel 2016

2.工作表的操作

要求：打开 F:\实验指导文件夹\excelsy\sy12－1.xlsx 文件，按如下要求操作。

(1)在 Sheet1 的前面插入一张新的工作表。

(2)重命名 Sheet1 工作表名为"数学"，Sheet2 工作表名为"物理"，Sheet3 工作表名为"化学"。

(3)删除 Sheet4 工作表。

(4)把"物理"工作表移动到"数学"工作表的前面。

(5)在"数学"工作表的前面建立其副本。

(6)保存工作簿。确定保存位置为 E 盘，文件名为 sy12－2，保存类型为 Excel 工作簿。

(7)退出 Excel 2016。

操作步骤：

(1)插入工作表。打开 sy12－1.xlsx 文件，选中工作表 Sheet1，右击，在弹出的快捷菜单中选择"插入"命令，如图 12－4 所示，弹出"插入"对话框，选择"工作表"图标，单击"确定"按钮，即可在当前工作表的前面插入一张新的工作表，默认名为 Sheet4，如图 12－5 所示。

图 12－4　"插入"命令　　　　　　　图 12－5　工作表的插入

(2)重命名工作表。双击 Sheet1 工作表，重命名为"数学"，双击 Sheet2 工作表，重命名为"物理"，双击 Sheet3 工作表，重命名为"化学"。

（3）删除工作表。选中 Sheet4 工作表，右击，在弹出的菜单中选择"删除"命令即可。

（4）移动工作表。选中"物理"工作表，按下鼠标左键拖动到"数学"工作表名左上角的三角位置，松开鼠标左键，完成工作表的移动。

（5）复制工作表。选中"数学"工作表，右击，弹出菜单中选择"移动或复制"命令，弹出移动或复制对话框，选择位置之后，在建立副本前打勾，如图 12-6 所示。

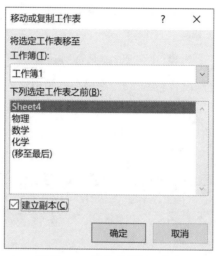

图 12-6　移动或复制工作表

（6）保存工作簿。选择"文件"选项卡中的"保存"按钮，或单击"快速访问工具栏"中的"保存"按钮，确定保存位置为 E 盘，文件名为 sy12-2，保存类型为 Excel 工作簿。

（7）退出 Excel 2016。单击窗口右上角的"关闭"按钮。

实验 13　工作表的基本操作

一、实验目的

（1）掌握工作表中数据输入的方法。

（2）掌握工作表数据编辑的基本方法。

（3）掌握单元格、行、列的插入与删除方法。

（4）掌握工作表编辑的基本方法。

（5）掌握工作表中窗口的拆分与冻结方法。

二、实验内容

1. 格式化"sy13-1 职工登记表"

要求：

（1）新建 Excel 工作簿，在 Sheet1 中输入原始数据，如图 13-1 所示。将工作表标签"Sheet1"改名为"职工登记表"。

河北大鸿公司职工登记表					
1	李明浩	办公室	1980/12/5	2150	1000
2	张峰	办公室	1983/8/19	3500	2000
3	刘昊	办公室	1981/2/22	2250	1000
4	王嘉	销售科	1978/3/2	1850	500
5	李新江	销售科	1981/6/1	3950	2000
6	郭海英	销售科	1975/6/24	3950	2000
7	刘晓芬	销售科	1900/12/4	1900	500
8	王金科	销售科	1981/1/23	2350	1000
9	李东慧	销售科	1987/5/6	2350	1000
10	张宁	财务科	1982/9/7	3500	2000
11	王孟	财务科	1979/3/24	1800	500
12	马会爽	财务科	1982/7/3	1800	500
13	史晓赟	财务科	1976/5/4	2200	1000
14	刘燕凤	财务科	1980/5/2	2200	1000

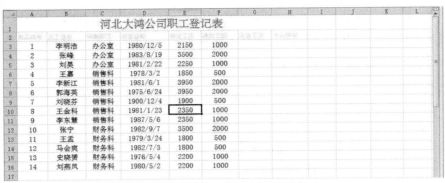

图 13－1 “职工登记表”原始数据

(2)在第一行上方插入一行，设置行到 30。在 A1 单元格输入标题“河北大鸿公司职工登记表”。

(3)设置标题单元格合并及居中，华文宋体、22 磅、红色，效果图如图 13－2 所示。

河北大鸿公司职工登记表							
员工编号	员工姓名	所属部门	出生日期	岗位工资	绩效工资	应发工资	个人税率
1	李明浩	办公室	1980/12/5	2150	1000		
2	张峰	办公室	1983/8/19	3500	2000		
3	刘昊	办公室	1981/2/22	2250	1000		
4	王嘉	销售科	1978/3/2	1850	500		
5	李新江	销售科	1981/6/1	3950	2000		
6	郭海英	销售科	1975/6/24	3950	2000		
7	刘晓芬	销售科	1900/12/4	1900	500		
8	王金科	销售科	1981/1/23	2350	1000		
9	李东慧	销售科	1987/5/6	2350	1000		
10	张宁	财务科	1982/9/7	3500	2000		
11	王孟	财务科	1979/3/24	1800	500		
12	马会爽	财务科	1982/7/3	1800	500		
13	史晓赟	财务科	1976/5/4	2200	1000		

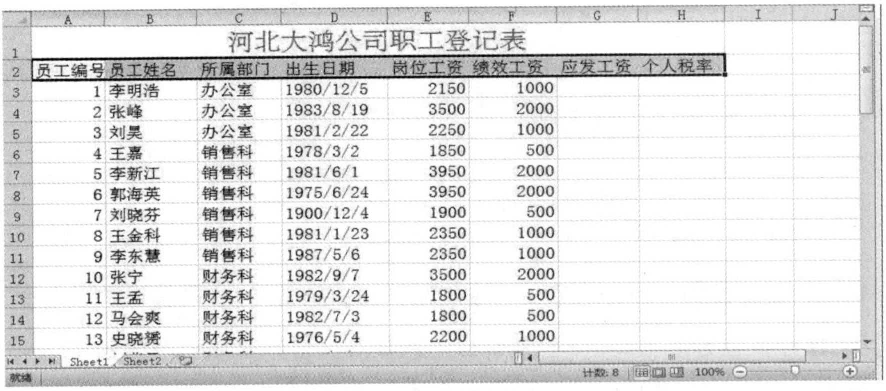

图 13－2 效果图

(4)设置列标题文字“员工编号”“员工姓名”“所属部门”“出生日期”“岗位工资”“绩效工资”“应发工资”“个人税率”，黑体、12 磅、黄色。

(5)设置“职工登记表”中的数据(从第三行开始)水平对齐和垂直对齐为“居中”。

(6)设置“出生日期”列数据显示形式为自定义类型 yy-mm-dd。

(7)设置“岗位工资”列数据显示货币符号“￥”，小数位数为 1 位，有千分位分隔符“,”。

(8)设置表格外边框(不包括第一行)为“蓝色、双线”，内部框线为“浅绿色、细实线”。

(9)为标题设置“黄色”底纹，为列标题设置“深红”色底纹并加“6.25％灰色”图案。

(10)保存工作簿，以“sy13－11”为名，保存到 F:。

操作步骤：

(1)启动 Excel 2016，在 Sheet1 中输入数据，并将 Sheet1 重命名为“职工登记表”。

注：输入“部门编号”数据时，输入“’003”，单引号在英文半角下输入。

(2)插入行并设置行高。点击最左侧的行号 1，选中第一行，单击“开始”→“单元格”→“插入按钮”下面的三角形按钮，在弹出的下拉菜单中选择“插入工作表行”命令菜单，即在选中行上面插入一行；单击“开始”→“单元格”→“格式”下面的三角形按钮，在弹出的下拉菜单中选择“行高"命令菜单,输入 30。在 A1 单元格输入"河北大鸿公司职工登记表"。

(3)设置标题格式。选中 A1:H1,点击"开始"→"对齐分布"→"合并及居中"按钮,点击合并后的单元格,执行"开始"→"字体"→字体设置:华文宋体、22 磅、红色。

(4)设置列标题格式。选中 A2:I2,执行"开始"→"字体"→字体设置:黑体、12 磅、黄色。

(5)设置其他数据格式。选中 A3:I16,执行"开始"→"对齐分布"→"小箭头"按钮,在弹出的对话框中选择"对齐"选项卡,设置水平对齐为居中,垂直对齐为居中,如图 13-3 所示。

(6)设置自定义类型。选中数据 E3:E16,执行"开始"→"对齐分布"→"小箭头"按钮,在弹出的对话框中选择"数字"选项卡,设置分类为自定义,类型为 yy-mm-dd,如图 13-4 所示。

图 13-3　设置文本对齐格式

图 13-4　设置"自定义"类型

(7)设置货币型。选中 F3:G16,执行"开始"→"对齐分布"→"小箭头"按钮,在弹出的对话框中选择"数字"选项卡,设置分类为货币,小数位数为 1,如图 13-5 所示。

(8)设置边框。选中 A2:I16,执行"开始"→"对齐分布"→"小箭头"按钮,在弹出的对话框中选择"边框"选项卡,设置样式为双线,蓝色,点击"外边框"按钮,继续设置样式为细实线,浅绿,点击"内部"按钮,如图 13-6 所示。

图 13-5　设置"货币"类型

图 13-6　设置边框

(9)设置填充颜色及图案。选中标题单元格,单击"开始"→"字体"→"填充按钮" 右侧的三角按钮,从中选择"黄色",如图 13-7 所示。选中 A2:I2 单元格,设置填充颜色为深红。执行"开始"→"对齐分布"→"小箭头"按钮,在弹出的对话框中选择"填充"选项卡,在"背景色"中选择"深红",在"图案样式"中设置图案为 6.25% 灰色,如图 13-8 所示。

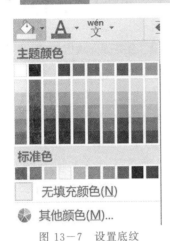
图 13－7 设置底纹

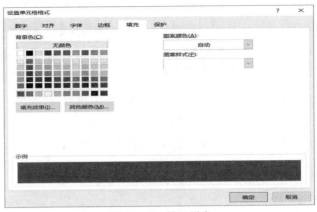
图 13－8 设置图案

（10）保存文件，执行"文件"→"保存"命令，打开"另存为"对话框，确定保存位置为 F 盘，文件名为 sy13－11，保存类型为 Excel 工作簿。

2.打开 excelsy\sy13－2.xlsx 文件，执行以下操作

要求：

（1）编辑 Sheet1 工作表。

①在工作表的第一行前插入一行。合并及居中 A1:F2，隶书、20 磅、红色。

②设置 A3:F3 单元格文字为楷体、14 磅，列宽 14；底纹为白色，背景 1，深色 25%。设置 A3:F15 单元格文字水平居中；设置 B4:E15 单元格内容数值型，负数第四种，保留两位小数。

（2）编辑 Sheet2 工作表。

①打开 Excelkt 文件夹下的"排行榜.doc"文档，复制其内容到 A1 单元格处。

②设置所有内容单元格字体大小为 12 磅；表格线为细实线；列宽 14。

（3）填充数据。

①填充 Sheet2 的"排名"列，数值型为 1～122 连续值。

②填充 Sheet1 的"日期"列，日期型从 2009-10-9 开始，间隔为 7 天。

（4）保存文件。以"sy13－22"为名，保存到 F:。

操作步骤：

打开 excelsy\sy13－2.xlsx 文件。

（1）选中 Sheet1 工作表。

①插入行并设置格式。选中第 1 行中任意单元格，执行单击"开始"→"单元格"选项组中的"插入按钮"下面的三角形按钮，在弹出的下拉菜单中选择"插入工作表行"命令菜单，即在选中行上面插入一行。选中 A1:F2 区域，执行"开始"→"字体"→字体设置：隶书、20 磅、红色。

②设置列标题格式。选中 A3:F3 区域，执行"开始"→"字体"→字体设置：楷体、14 磅。单击"开始"→"单元格"→"格式"下面的三角形按钮，在弹出的下拉菜单中选择"列宽"命令菜单，输入 14。单击"开始"选项卡"字体"选项组中的"填充颜色"右侧的三角按钮，从中选择"白色，背景 1，深色 25%"；

选中 A3:F15 区域单元格，执行"开始"→"对齐分布"选项组中的"小箭头"按钮，在弹出的对话框中选择"对齐"选项卡，设置水平对齐为居中。

选中 B4:E15 单元格区域,执行"开始"→"对齐分布"→"小箭头"按钮,在弹出的对话框中选择"数字"选项卡,设置分类为数值型,负数第四种,保留两位小数。

(2)选中 Sheet2 工作表。

①打开 Excelkt 文件夹下的"排行榜.doc",Ctrl＋A 全选,Ctrl＋C 复制,粘贴到 Sheet2 工作表的 A1 单元格。

②选中 A1:E123 单元格,执行"开始"→"字体"选项组中的字体设置:12 磅。选中 A1:E123 单元格,执行"开始"→"对齐分布"→"小箭头"按钮,在弹出的对话框中选择"边框"选项卡,进行图 13－9 所示的设置,最终效果图如图 13－10 所示。

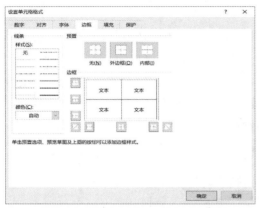

图 13－9 设置边框　　　　　　　　　　图 13－10 Sheet2 效果图

(3)填充数据。

①填充排名:选中 Sheet2 工作表,在 A2 单元格输入数字"1",把鼠标放在 A2 单元格右下角填充柄上

```
┌───┐
│ 1 │
└───┘
```

,按下 Ctrl 键的同时拖动鼠标左键到 A123 单元格,实现数值型数据的增值填充。

②填充日期:选中 Sheet1 工作表,在 A3 单元格输入数据日期型数据"2009-10-09",选中 A3:A14 区域,即要填充数据的区域(包括第一个数据),选中"开始"→"编辑"→"填充"按钮,在下拉菜单中选择"系列"命令,弹出设置对话框,按题意设置完毕,如图 13－11 所示。

图 13－11 序列填充日期

(4)保存文件。执行"文件"→"保存"命令,打开"另存为"对话框,确定保存位置为 F 盘,文件名为 sy13－22,保存类型为 Excel 工作簿。

实验 14 Excel 2016 公式与函数的使用

一、实验目的

(1)巩固电子表格的建立方法。

(2)熟练掌握对表格格式化的基本操作。

(3)掌握公式计算数据的一般方法。

(4)掌握求和函数的使用方法。

（5）掌握条件统计函数 COUNTIF，判断函数 IF 的使用方法。

（6）掌握条件格式标注数据的方法。

（7）掌握求平均值、统计个数、求最大值、最小值等函数的使用方法。

（8）掌握 TODAY 函数的使用。

（9）掌握 YEAR 函数的使用。

（10）掌握绝对引用。

二、实验内容

1.打开 excelsy\sy14－1.xlsx 文件，执行以下操作

要求：

（1）使用公式计算进货额、销售额、毛利和纯利。进货额＝进货单价×进货数量；销售额＝销售价×销售数量；毛利＝（销售价－进货单价）×销售数量；纯利＝毛利×70％。

（2）对数据进行格式化。标题合并后居中，华文宋体、22 磅、红色、填充黄色；列标题文字采用宋体、12 磅、加粗、居中、填充橙色；"进货额"列数据填充紫色，"销售额"列数据填充浅绿，"毛利"列数据填充绿色；设置除标题外的数据区域为细线边框。最终效果图如图 14－1 所示。

图 14－1　效果图

（3）保存文件。确定保存位置为 F 盘，文件名为 sy13－22，保存类型为 Excel 工作簿。

操作步骤：

（1）打开 excelsy\sy14－1.xlsx 文件，计算进货额。选中 D3 单元格，输入"＝B3 * C3"，按回车键。再选中 D3 单元格，鼠标指向填充柄，按住鼠标左键拖动到所需位置，完成其余单元格进货额数据的填充。或直接双击填充柄，也可以完成其余单元格进货额数据的填充。

（2）计算销售额。选中 G3 单元格，输入"＝E3 * F3"，按回车键。再选中 G3 单元格，使用填充柄功能向下填充其余单元格的销售额数据。

注：使用公式要先输入"＝"。

（3）计算毛利。选中 H3 单元格，输入"＝(E3－B3) * F3"，按回车键。再选中 H3 单元格，使用填充柄功能向下填充其余单元格的毛利数据。

（4）计算纯利。选中 I3 单元格，输入"＝H3 * 0.7"，按回车键。再选中 I3 单元格，使用填充柄功能向下填充其余单元格的纯利数据。

（5）格式化数据。选中 A1:I1 单元格区域，点击"开始"→"对齐分布"→"合并居中按钮"；在"字体"选项组设置华文中宋、22 磅、红色，填充选择黄色。选择列标题文字区域 A2:I2，在"字体"选项组中设置宋体、12、加粗，填充选择橙色，在"对齐方式"选项组中选择"居中"命令。选择"进货额"数据区域 D3:D7，设置填充颜色选择紫色；同样选择"销售额"数据区域 G3:G7，

设置填充颜色为浅绿;选择"毛利"数据区域 H3:H7,设置填充颜色为绿色。

(6)设置边框线。选择 A2:I7 单元格区域,单击"开始"→"字体"→"小箭头"按钮,在"边框"选项卡单击"外边框"和"内部"按钮。

(7)保存文件。执行"文件"→"保存"命令,打开"另存为"对话框,确定保存位置为 F 盘,文件名为 sy14 11,保存类型为 Excel 工作簿。

2.打开 excelsy\sy14-2.xlsx 文件,执行以下操作

要求:

(1)在 Sheet2 工作表中用函数法计算每个人的总分、平均分和分科意见。分科意见如下:总分>360,全能生;数理总分≥160,理科生;其他情况,文科生。

(2)保存文件。确定保存位置为 F 盘,文件名为 sy14-22,保存类型为 Excel 工作簿。

操作步骤:

(1)打开 sy14-2.xlsx 文件,选中 Sheet2 工作表中的 F3 单元格。

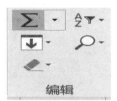

(2)单击"开始"→"编辑"→"自动求和"按钮,如图 14-2 所示,选择求和区域"B3:E3",单击"输入"按钮确定。用鼠标左键单击 F3 单元格的填充柄不要放手一直拖到 F40 单元格完成填充。

(3)选中 Sheet2 工作表的 G3 单元格。

图 14-2 "自动求和"按钮

(4)单击"公式"→"函数库"→"粘贴函数"按钮,弹出插入函数对话框,选择 AVERAGE 函数,如图 14-3 所示,在 number1 参数区用"区域选择"按钮选择"B3:E3"区域,如图 14-4 所示,然后单击"确定"按钮。

图 14-3 插入"AVERAGE"函数

图 14-4 选择参数区域

(5)单击"公式"→"函数库"→"插入函数"按钮,选择 IF 函数,打开函数参数对话框,在 logic_test 参数区域输入"F3>360",在 value_if_true 参数区输入"全能生",因 value_if_flase 值

不唯一，所以需要再次判断，此时把光标定位在 value_if_false 列表框，如图 14-5 所示。

再次单击地址栏左侧函数列表框中的"if 函数"，打开函数参数设置对话框，在 Logical_test 参数区输入"B3+C3≥=160"，在 value_if_true 参数区输入"理科生"，在 value_if_false 参数区输入"文科生"，如图 14-6 所示，单击"确定"按钮。此时地址栏中的函数填充如图 14-7 所示。

图 14-5　IF 函数参数设置 1　　　　　　图 14-6　IF 函数参数设置 2

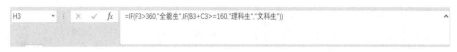

图 14-7　填充完毕的 if 函数

(6) 用鼠标左键单击 H3 单元格的填充柄不要放手一直拖到 H40 单元格完成填充。

(7) 保存文件。执行"文件"→"保存"命令，打开"另存为"对话框，确定保存位置为 F 盘，文件名为 sy14-22，保存类型为 Excel 工作簿。

注：在实际的表格数据计算工作中，如果用户对所需要使用的函数非常熟悉，可利用单元格中直接输入函数的方法进行数据的计算。首先单击选中要输入函数的单元格，然后在单元格中输入所要用来计算的函数。

3.打开 excelsy\sy14-3.xlsx 文件，执行以下操作

要求：

(1) 在 Sheet1 工作表中用函数法计算贷款利率、还贷日和还贷金额的值。

贷款利率：期限小于等于 5 年利率为 2%，小于等于 8 年利率为 3%，8 年以上利率为 5%。

还贷日＝借贷日期＋期限

还贷金额＝借贷金额＊(1＋贷款利率)

(2) 保存文件。确定保存位置为 F 盘，文件名为 sy14-33，保存类型为 Excel 工作簿。

操作步骤：

(1) 打开 sy14-3.xlsx 文件，选中 Sheet1 工作表中的 E2 单元格。

(2) 单击"公式"→"函数库"→"粘贴函数"按钮，选择 IF 函数。在 logic_test 参数区输入"D2≤=5"，在 Value_if_true 参数区输入"0.02"，在 value_if_false 参数区输入"IF(D2≤=8，0.03,0.05)"，然后单击"确定"按钮，如图 14-8 所示。

(3) 用鼠标左键单击 E2 单元格的填充柄不要放手一直拖动到 E39 单元格完成填充。

(4) 填充还贷日。选中 Sheet1 工作表中的 F2 单元格。

(5) 单击"公式"→"函数库"→"粘贴函数"按钮，选择 Date 函数。在 Year 参数区输入"year(B2)＋D2"，在 Month 参数区输入"month(B2)"，在 Day 参数区输入"day(B2)"，然后单击"确

定"按钮。如图 14－9 所示。

图 14－8 填充"贷款利率"

图 14－9 填充"还贷日"

(6)用鼠标左键单击 F2 单元格的填充柄一直拖动到 F39 单元格完成填充。

(7)填充还贷金额。选中 Sheet 工作表中的 G2 单元格。

(8)在单元格数据编辑区输入"＝C2＊(1＋E2)",然后单击"输入"按钮。

(9)用鼠标左键单击 G2 单元格的填充柄一直拖动到 G39 单元格完成填充。

(10)保存文件。执行"文件"→"保存"命令,打开"另存为"对话框,确定保存位置为 F 盘,文件名为 sy14－33,保存类型为 Excel 工作簿。

4.打开 excelsy\sy14－4.xlsx 文件,执行以下操作

要求:

(1)打开 sy14－4.xlsx 文件。

(2)使用条件统计函数 COUNTIF 统计每个学生的不及格学科门数。

(3)根据每个学生不及格学科门数,使用 if 函数,判定考试过关情况。如果无不及格学科,则合格;否则,不合格。

(4)使用条件格式标注不合格的分数。

(5)对数据进行格式化,最终效果图如图 14－10 所示。

图 14－10 效果图

(6)保存文件。

操作步骤:

(1)打开 sy14－4.xlsx 文件。

（2）统计不及格人数。选中单元格 F3，单击"公式"→"函数库"→"插入函数"按钮，选择"统计"类别中的 COUNTIF 函数，在弹出的函数参数对话框中，Range 数据区域输入 C3:E3（用鼠标在工作表中圈选 C3:E3 即可）；Criteria 处输入"＜60"。当鼠标离开该文本框时，文本框中的内容会被添加上双引号，如图 14－11 所示，然后单击"确定"按钮，再用填充柄功能向下填充其余学生的不及格门数。

（3）考试合格判定。选中单元格 G3，单击"公式"→"函数库"→"插入函数"命令，选择 if 函数，在 logic_test 参数区输入"F3＝0"，在 Value_if_true 参数区输入"合格"，在 value_if_false 参数区输入"不合格"，然后单击"确定"按钮，如图 14－12 所示。

再用填充柄功能向下填充所有学生的判定结果。

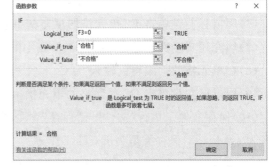

图 14－11　统计不及格人数　　　　　　　　图 14－12　考试合格判定

（4）标注不及格分数。选择所有分数数据区域 C3:E13，单击"开始"→"样式"→"条件格式"命令，弹出的菜单中选择"突出显示单元格规则"→"小于"命令，如图 14－13 所示，弹出"小于"设置对话框，进行图 14－14 所示的设置。

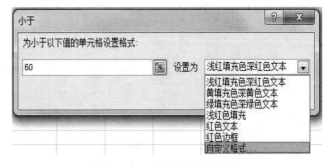

图 14－13　"条件格式"菜单　　　　　　　　图 14－14　"条件设置"对话框

在弹出的单元格格式设置对话框中选中"字体"选项卡，设置加粗、红色，如图 14－15 所示。选中"填充"选项卡，设置底纹颜色为黄色，如图 14－16 所示。

图 14-15　设置字体

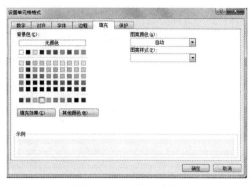

图 14-16　设置底纹

(5)根据需要对数据进行格式化,以达到美观、大方的效果,效果图如图 14-10 所示。

(6)保存文件。单击"文件"→"保存"命令,以原文件名保存。

5.打开 excelsy\sy14-5.xlsx 文件,执行以下操作

要求:选中 Sheet1 工作表。

(1)在第一行前插入一行,设置其行高 30,在 A1 单元格输入标题"研究室人员情况表",跨列居中 A1:F1 单元格,并加 6.25% 灰色图案。

(2)填充"职工号"列,职工号为 S001、S002、S003、…,连续数值。

(3)根据"基本工资"列数据,在 I3、I4、I5 单元格函数统计最高工资、最低工资、平均工资(I3、I4、I5 单元格内容为数值型,无小数点)。

(4)在 I8:I10 单元格统计各职称的人数。

(5)将 Sheet1 工作表重命名为"工资表"。

(6)最后以原文件名保存,效果图如图 14-17 所示。

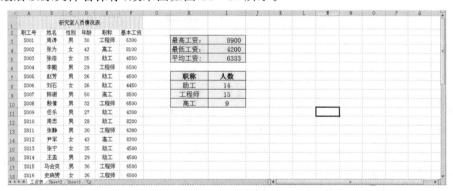

图 14-17　效果图

操作步骤:

(1)打开 sy14-5.xlsx 文件,选中 Sheet1 工作表。设置标题。选中 A1 单元格,输入文本"研究室人员情况表",选中 A1:F1 区域,点击"开始"→"对齐方式"→"小箭头"按钮,弹出"设置单元格格式"设置对话框,选中"对齐"页面,进行图 14-18 所示设置。选中"填充"页面,进行图 14-19 所示设置。

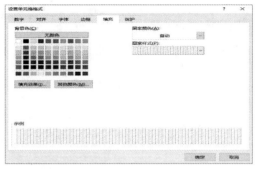

图 14－18 跨列居中　　　　　　　　　　　　　图 14－19 设置底纹

（2）填充职工号。选中 A3，输入文本"S001"，按下鼠标左键拖动填充柄到 A40 单元格。

（3）函数填充。选中 I3 单元格，单击"公式"→"函数库"→"插入函数"命令，选择 MAX 函数，参数设置如图 14－20 所示。选中 I4 单元格，单击"公式"→"函数库"→"插入函数"命令，选择 MIN 函数，参数设置如图 14－21 所示。选中 I5 单元格，单击"公式"→"函数库"→"插入函数"命令，选择 AVERAGE 函数，参数设置如图 14－22 所示。选中 I3:I5 数据区域，右击，快捷菜单中选择"设置单元格格式"，选择"数字"选项卡，进行如图 14－23 所示的设置。

图 14－20 取"最高工资"　　　　　　　　　　　图 14－21 取"最低工资"

图 14－22 取"平均工资"　　　　　　　　　　　图 14－23 设置数据格式

（4）统计数据。选中单元格 I8，单击"公式"→"函数库"→"插入函数"按钮，选择"统计"类别中的 COUNTIF 函数，在弹出的函数参数对话框中，Range 数据区域输入 E3:E40（用鼠标在工作表中圈选 E3:E40 即可），Criteria 处输入"助工"。当鼠标离开该文本框时，文本框中的内容会被添加上双引号，如图 14－24 所示，然后单击"确定"按钮。

选中单元格 I9,单击"公式"→"函数库"→"插入函数"按钮,选择"统计"类别中的 COUNTIF 函数,在弹出的函数参数对话框中,Range 数据区域输入 E3:E40(用鼠标在工作表中圈选 E3:E40 即可),Criteria 处输入"工程师"。当鼠标离开该文本框时,文本框中的内容会被添加上双引号,如图 14−25 所示,然后单击"确定"按钮。

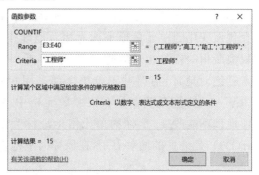

图 14−24　统计"助工"人数　　　　　　图 14−25　统计"工程师"人数

选中单元格 I10,单击"公式"→"函数库"→"插入函数"按钮,选择"统计"类别中的 COUNTIF 函数,在弹出的函数参数对话框中, Range 数据区域输入 E3:E40(用鼠标在工作表中圈选 E3:E40 即可),Criteria 处输入"高工"。当鼠标离开该文本框时,文本框中的内容会被添加上双引号,如图 14−26 所示,然后单击"确定"按钮。

图 14−26　统计"高工"人数

(5)选中 Sheet1 工作表,更名为"工资表"。

(6)保存文件。单击"文件"→"保存"命令即可。

6.打开 excelsy\sy14−51.xlsx 文件,执行以下操作

要求:

(1)打开 sy14−51.xlsx 文件,选中"工资表"工作表,删除当前工作表中的"年龄"列字段。

(2)使用 TODAY 函数,在 J1 单元格显示系统当前日期。

(3)计算职工的年龄。

(4)对文件进行另存操作。

操作步骤:

(1)打开 sy14−51.xlsx 文件,选中"工资表"工作表。删除"年龄"列数据。选中"E3:E24"区域,按键盘上的"Delete"键。

(2)显示系统日期。将光标定位在 J1 单元格,输入"=today( )",回车。若未显示日期,显示的是数字,则右击,在弹出的单元格格式设置对话框中选择"数字"选项卡,选择"日期"分类即可。

(3)计算职工年龄。将光标定位到 E3 单元格,输入"=year(J1)−year(D3)",回车。再用填充柄功能向下填充功能向下填充其他职工的年龄。填充之后,点击右下角的小三角下拉菜单按钮,选择不带格式填充,如图 14−27 所示,这样就不会破坏原来的格式。

（4）另存文件。执行"文件"→"另存为"命令，打开"另存为"对话框，确定保存位置为 E 盘，文件名为 sy14－6，保存类型为 Microsoft Office Excel 工作簿。

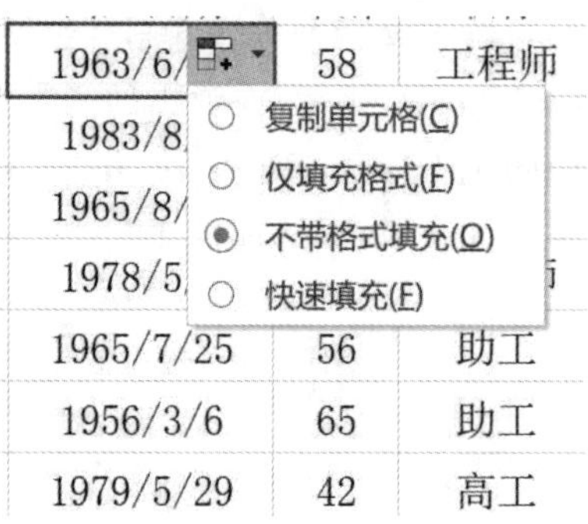

注：相对地址和绝对地址。

①相对地址：随公式复制（鼠标拖动填充柄）的单元格位置变化而变化的单元格地址称为相对地址。例如，上面求平均成绩所用的就是相对地址。

②绝对地址：有时并不希望全部采用相对地址，例如公式中某一项的值孤独存放在某个单元格中，在复制公式时，该项地址不能改变，这样的单元格地址称为绝对地址。例如，此例中输入"＝year（\$ J \$ 1）－year（D3）"是地址的绝对引用，在鼠标向下拖动填充柄时，\$ J \$ 1 地址不发生变化。

1963/6/	58	工程师
1983/8/		
1965/8/		
1978/5/		
1965/7/25	56	助工
1956/3/6	65	助工
1979/5/29	42	高工

○ 复制单元格(C)
○ 仅填充格式(F)
● 不带格式填充(O)
○ 快速填充(F)

图 14－27　不填充格式

实验 15　Excel 2016 数据分析

一、实验目的

（1）掌握数据排序的基本方法。

（2）掌握数据筛选的基本方法。

（3）掌握分类汇总的使用方法。

（4）掌握数据透视表的创建方法。

二、实验内容

1.打开 excelsy\sy15－1.xlsx 文件，执行以下操作

要求：

（1）打开 sy15－1.xlsx 文件。

（2）使用 IF 函数计算积分。胜得 3 分，平得 1 分，负得 0 分。

（3）按球队数据排序。

（4）按球队分类汇总净胜球、积分的和。

（5）对汇总结果按"积分"作为主要关键字，"净胜球"作为次要关键字，两者均按"递减"进行排序。

（6）对数据进行格式化，最终效果图如图 15－1 所示。

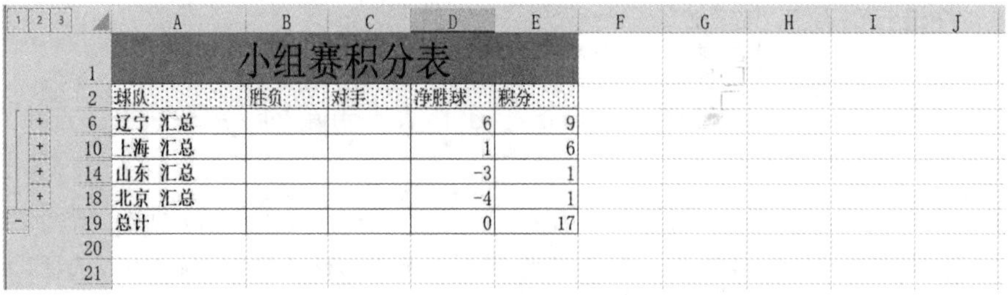

图 15－1　最终效果图

（7）以原文件名进行保存。

操作步骤：

（1）打开 sy15－1.xlsx 文件。

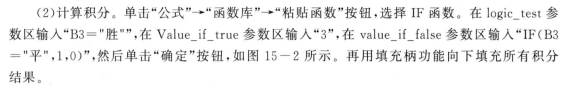

（2）计算积分。单击"公式"→"函数库"→"粘贴函数"按钮，选择 IF 函数。在 logic_test 参数区输入"B3="胜""，在 Value_if_true 参数区输入"3"，在 value_if_false 参数区输入"IF(B3="平",1,0)"，然后单击"确定"按钮，如图 15-2 所示。再用填充柄功能向下填充所有积分结果。

（3）按球队排序。将光标定位在"球队"列数据的任一单元格，点击"开始"→"编辑"→"排序和筛选"命令，在弹出的菜单中选择"升序"或"降序"，如图 15-3 所示，即完成单一关键字的排序。

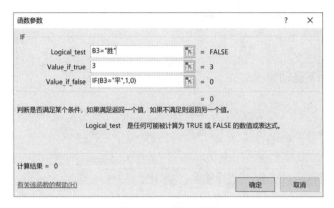

图 15-2　填充积分

图 15-3　"排序"命令

（4）按球队分类汇总净胜球、积分的和。按球队分类汇总，就要首先按"球队"排序，因第（3）步中已经做过排序，所以此处排序操作可以省略。将光标定位于数据表中任一单元格，点击"数据"→"分级显示"→"分类汇总"命令，打开"分类汇总"对话框，分类字段为球队，汇总方式为求和，选定汇总项为净胜球、积分，如图 15-4 所示。分类汇总结果如图 15-5 所示。在汇总表左上角单击显示级别按钮"１２３"中的"2"，可以隐藏 3 级（原始记录细节），而得到仅含汇总项（小计和总计）的数据表，从而将分类汇总表折叠起来，如图 15-6 所示。

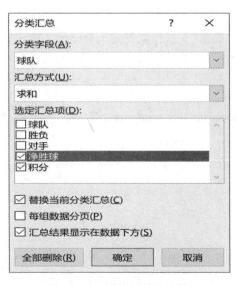

图 15-4　"分类汇总"对话框

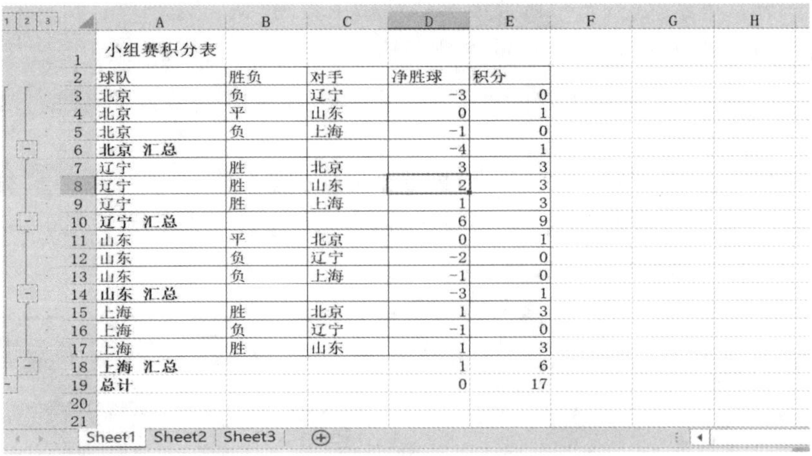

	A	B	C	D	E
1	小组赛积分表				
2	球队	胜负	对手	净胜球	积分
3	北京	负	辽宁	-3	0
4	北京	平	山东	0	1
5	北京	负	上海	-1	0
6	北京 汇总			-4	1
7	辽宁	胜	北京	3	3
8	辽宁	胜	山东	2	3
9	辽宁	胜	上海	1	3
10	辽宁 汇总			6	9
11	山东	平	北京	0	1
12	山东	负	辽宁	-2	0
13	山东	负	上海	-1	0
14	山东 汇总			-3	1
15	上海	胜	北京	1	3
16	上海	负	辽宁	-1	0
17	上海	胜	山东	1	3
18	上海 汇总			1	6
19	总计			0	17

图 15－5　分类汇总结果

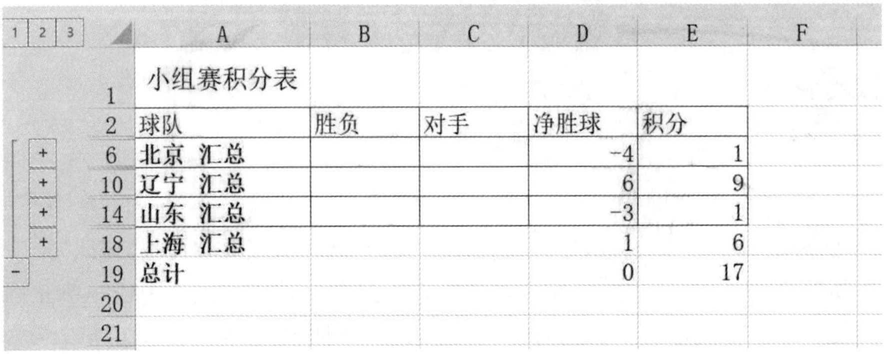

	A	B	C	D	E
1	小组赛积分表				
2	球队	胜负	对手	净胜球	积分
6	北京 汇总			-4	1
10	辽宁 汇总			6	9
14	山东 汇总			-3	1
18	上海 汇总			1	6
19	总计			0	17

图 15－6　折叠汇总结果

（5）小组名称排列。将光标定位到折叠后的分类汇总表中任一单元格，点击“开始”→“编辑”→“排序和筛选”命令，在弹出的菜单中选择“自定义排序”，如图 15－7 所示，打开“排序”对话框。在“排序”对话框中设置主要关键字为积分，降序；添加次要关键字为净胜球，降序。有标题行，如图 15－8 所示，点击“确定”。这样就得到了最终的小组比赛名次顺序，小组出线权也就确定了。可以看出，在积分相同时，净胜球多（即输球少）的队伍排在前面。

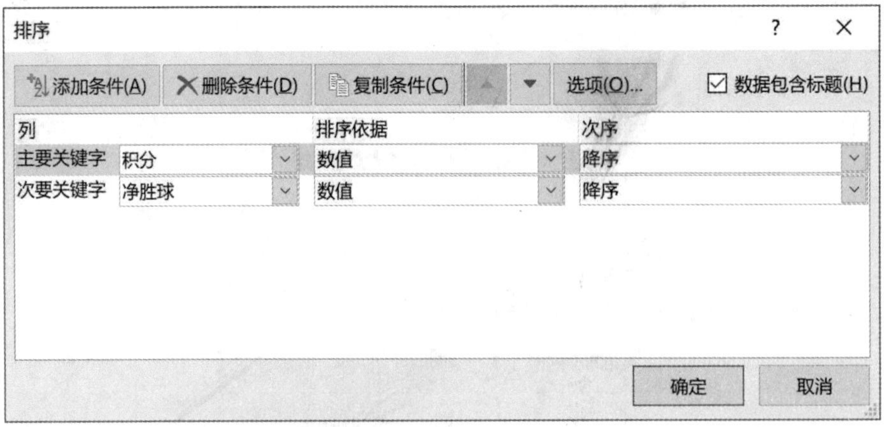

图 15－7　“排序”对话框

		A	B	C	D	E	F	G	H	I	J
	1	小组赛积分表									
	2	球队	胜负	对手	净胜球	积分					
	6	辽宁 汇总			6	9					
	10	上海 汇总			1	6					
	14	山东 汇总			-3	1					
	18	北京 汇总			-4	1					
	19	总计			0	17					
	20										
	21										

图 15-8 对分类汇总结果进行排序

(6)对数据表进行常规格式化,如设置标题合并及居中、字体、字号、颜色、底纹等,对列标题设置字体、字号、居中等,对数据加边框等,效果图如图 15-1 所示。

(7)执行"文件"→"保存"命令,以原文件名进行保存。

2.打开 excelsy\sy15-2.xlsx 文件,执行以下操作

要求:

(1)打开 sy15-2.xlsx 文件。

(2)在 Sheet1 工作表中,筛选出 2001_1 班和 2001_3 班级中数学、物理、计算机 3 门课程同时达到 85 分以上的学生(含 85 分),条件区起始单元格定位在 B30,复制到起始单元格定位在 A35。

(3)在 Sheet2 工作表中,筛选出各科需要补考的学生,条件区域起始单元格定位在 B30,复制到起始单元格定位在 A36。

(4)以原文件名保存文件。

操作步骤:

(1)打开 sy15-2.xlsx 文件。

(2)执行高级筛选。选中 Sheet1 工作表,在 B30 单元格建立图 15-9 所示的区域。

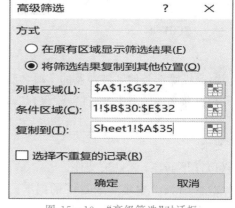

图 15-10 "高级筛选"对话框

班级	数学	物理	计算机
2001_1	>=85	>=85	>=85
2001_3	>=85	>=85	>=85

图 15-9 筛选条件 1

在数据区域点击任一单元格,单击"数据"→"排序和筛选"→"高级"命令,在弹出的对话框中设置数据区域、条件区域和复制到的位置,如图 15-10 所示,设置完毕单击"确定"按钮,筛选结果如图 15-11 所示。

班级	姓名	数学	物理	化学	马列	计算机
2001_1	A	85	87	76	80	90
2001_1	S	90	85	87	92	94
2001_3	V	90	95	92	87	90

图 15-11 "高级筛选"结果

(3)执行高级筛选。选中 Sheet2 工作表,在 J5 单元格建立图 15-12 所示的区域。

在数据区域点击任一单元格,单击"数据"→"排序和筛选"→"高级"命令,在弹出的对话框

中设置数据区域、条件区域和复制到的位置,如图 15－13 所示,设置完毕单击"确定"按钮,筛选结果如图 15－14 所示。

数学	物理	化学	马列	计算机
<60				
	<60			
		<60		
			<60	
				<60

图 15－12　筛选条件 2

图 15－13　"高级筛选"对话框

班级	姓名	数学	物理	化学	马列	计算机
2001_3	C	60	67	55	70	70
2001_4	G	67	55	70	70	57
2001_3	M	40	56	60	67	55
2001_3	P	66	67	88	76	56
2001_2	Q	56	60	70	70	50
2001_1	X	56	78	67	87	76
2001_4	Y	58	50	60	78	67

图 15－14　筛选结果

注:高级筛选条件区域涉及的字段名和数据都要从数据区域复制得到。

(4)保存文件。点击"文件"→"保存"命令,以原文件名进行保存。

3.打开 excelsy\sy15－3.xlsx 文件,执行以下操作

要求:

(1)打开 sy15－3.xlsx 文件。

(2)在 Sheet2 中建立 Sheet1 的副本。

(3)在 Sheet1 中使用自动筛选,筛选出特困补助金额在 1 000 元以下的记录。

(4)对筛选出的记录的特困补助金额进行调整:上浮 10%。

(5)使用选择性粘贴修改相应数据。

(6)在 Sheet2 中建立数据透视表,数据透视表创建在一个新的工作表中,行字段为性别,列字段为班级,数据项为特困补助金额。

(7)保存文件。

操作步骤:

(1)打开 sy15－3.xlsx 文件。

(2)建立 Sheet1 的副本。选中 Sheet1 工作表,点击行号 1 上方、列号 A 左侧的按钮,或者执行 Ctrl＋A 组合键,将整张工作表选中,右击,执行"复制"命令,点击 Sheet2 标签,打开 Sheet2 工作表,选中 A1 单元格,右击,执行"粘贴"命令。

（5）选择性粘贴临时单元格内容。选中所有临时单元格，即 F6:F12，按 Ctrl＋C 组合键复制，选中 E6 单元格，右击，在快捷菜单中选择"选择性粘贴"命令，打开"选项性粘贴"对话框。在"粘贴"项选择"数值"单选按钮，在"运算"项选择"无"，在最后一行勾选"跳过空单元"复选框，如图 15－18 所示，点击"确定"，即可完成粘贴任务。可以看到，原补助金额小于或等于 1 000 的记录中，现在都增加了 10％。最后将不再使用的临时单元格中的数据全部删除，即可得到调整后的特困生补助表，如图 15－19 所示。

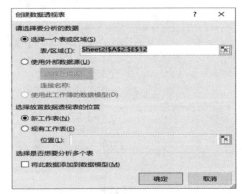

图 15－18 "选择性粘贴"对话框

（6）创建数据透视表。点击 Sheet2 标签，打开 Sheet2 工作表。将光标定位到数据表中任一单元格，执行"插入"→"表格"→"数据透视表"，在级联菜单中选择"数据透视表"菜单，弹出"创建数据透视表"对话框，进行图 15－20 所示的设置。

	A	B	C	D	E
1			特困生补助表		
2	序号	姓名	性别	班级	特困补助金额
3	1	许静红	女	0801	1500.00
4	2	赵晓梅	女	0702	1200.00
5	3	李新娜	女	0701	1100.00
6	4	罗幽兰	男	0802	665.50
7	5	蔡晓庆	男	0803	1064.80
8	6	唐洪亮	男	0701	1064.80
9	7	赵伟伟	男	0701	798.60
10	8	向季军	男	0803	665.50
11	9	李丹红	女	0802	605.00
12	10	王丽	女	0802	550.00

图 15－19 效果图   图 15－20 "创建数据透视表"对话框

单击"确定"，即在新建的工作表中创建了数据透视表的整体框架，图 15－21 所示。

图 15－21 "创建数据透视表"界面整体框架

数据透视表区可以设置为"经典数据透视表布局",方法为:在图15-22(a)所示的"数据透视表"区域右击鼠标,在弹出的快捷菜单中选择"数据透视表选项"命令,弹出"数据透视表选项"对话框,如图15-22(b)所示,选择"显示"选项,选中"经典数据透视表布局"前面的复选。

(7)保存文件。点击"文件"→"保存"命令,以原文件名进行保存。

（a）"创建数据透视表"界面

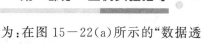

（b）"数据透视表选项"对话框

图15-22　数据透视表

图15-23　最终数据透视表

实验 16　Excel 2016 图表操作

一、实验目的

(1)掌握数据图表的建立方法。

(2)掌握数据数据图表的编辑方法。

(3)掌握数据图表的格式化方法。

二、实验内容

1.打开 excelsy\sy14－41.xlsx 文件,执行以下操作

要求：

(1)打开 sy14－41.xlsx 文件,建立图表工作表。

(2)分类轴为"姓名",数值轴为"语文""数学""英语";图表类型为簇状柱形图;图表标题为学生成绩比较图;图例为靠右;图表位置为作为新的工作表插入,名称为"学生成绩比较图表"。

(3)将图表类型改为"数据点折线图",删除"英语"数据系列。

(4)设置分类轴文字竖排;设置图表区背景、绘图区背景的填充效果分别为预设中的雨后初晴、碧海青天;设置图表标题为黑体、24 磅、蓝色;设置图例为华文仿宋、加粗、红色。

(5)对文进行另存。确定保存位置为 E 盘,文件名为 sy16－1,保存类型为 Excel 工作簿。

操作步骤：

(1)双击打开 sy14－41.xlsx 文件。

(2)建立图表。选中 B2:E8 数据,执行"插入"→"图表"→"柱形图"中的"簇状柱形图",如图 16－1 所示。插入图 16－2 所示的图表。

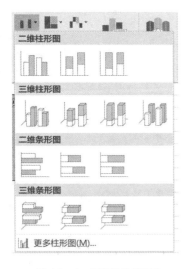

图 16－1　"簇状柱形图"

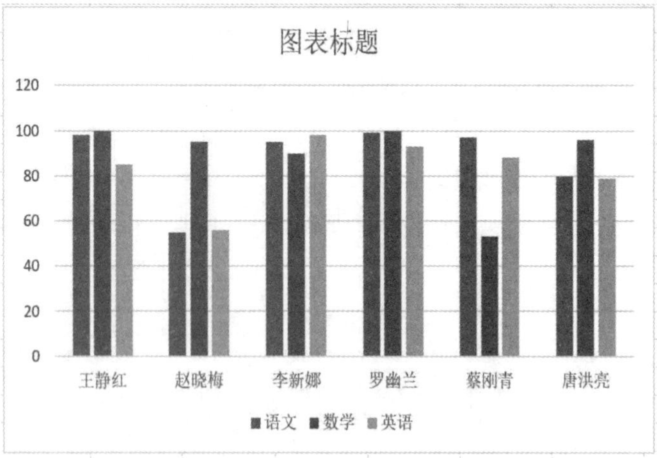

图 16－2　学生成绩比较图

添加图表标题。选中图表,"图表工具设计"→"图表布局"→"添加图表元素"选项组,单击"图表标题"按钮,在弹出的菜单中选择"图表上方",如图 16－3 所示,编辑标题为"学生成绩比较图",如图 16－4 所示。

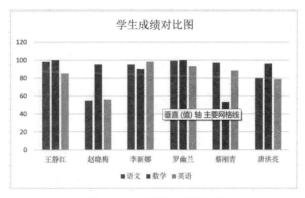

图 16-3 "添加图表标题"菜单   图 16-4 "添加标题"效果

添加图例。默认图例靠右。选中图表,"图表工具设计"→"图表布局"→"添加图表元素"选项组,单击"图例"菜单,在弹出的菜单中选择对应项即可。

图表位置:默认作为嵌入式图表保存在当前工作表中。点击"设计"→"位置"→"移动图表"命令,打开"移动图表"对话框,进行图 16-5 所示的设置,单击"确定"即可。

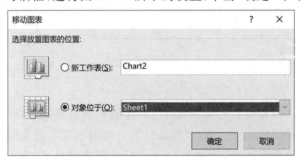

图 16-5 移动工作表

(3)修改图表类型并删除"英语"数据系列。选中图表,右击,在弹出的菜单中选择"更改图表类型"菜单,弹出"更改图表类型"对话框,进行图 16-6 所示的设置,单击"确定",将图表类型改为数据点折线图,如图 16-7 所示。点击"英语"数据系列,按键盘上的"Delete"键,删除"英语数据系列",如图 16-8 所示。

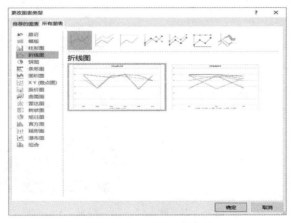

图 16-6 更改图表类型

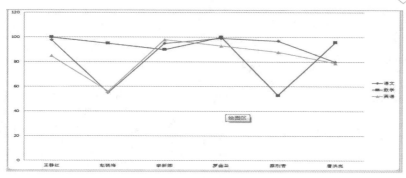

图 16－7　数据点折线图

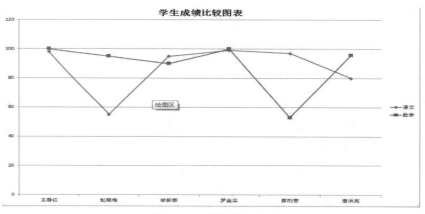

图 16－8　删除英语列

（4）格式化图表。双击分类轴所在位置，弹出"坐标轴设置格式"对话框，选中"对齐方式"页面，进行图 16－9 所示的设置，单击"确定"完成设置。分类轴文字变为竖排。

点击图标空白处，即选中图表区，右击，选中"设置图表区格式"命令，打开"设置图表区格式"对话框，在"填充"页面，选中"填充"中的"渐变填充"预设中的"顶部聚光灯—个性色 3"，如图 16－10 所示，单击"确定"完成设置。

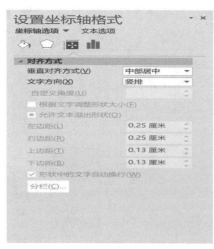

图 16－9　设置"坐标轴"格式

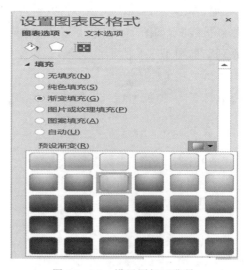

图 16－10　设置图标区背景

移动鼠标,选中绘图区,右击,选择"设置绘图区格式"命令,用同样的办法设置填充效果为"顶部聚光灯—个性色 6",如图 16—11 所示。

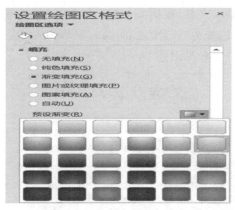

图 16—11　设置绘图区背景

选中图表标题,右击,在弹出的菜单中选择字体,打开字体设置对话框,进行图 16—12 所示的设置,单击"确定"即可。

图 16—12　标题字体设置

选中图例,同样的操作,进行图例字体格式的设置即可,最终效果图如图 16—13 所示。

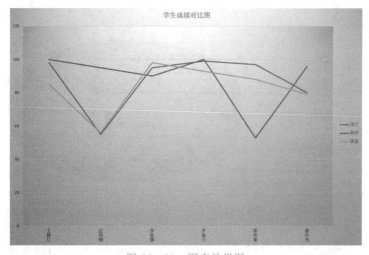

图 16—13　图表效果图

2.打开 excelsy\sy15－1.xlsx 文件，执行以下操作

要求：

(1)双击打开 sy15－1.xlsx 文件，根据 Sheel 工作表中的汇总数据建立嵌入式图表。

(2)分类轴为"球队"，数值轴为"积分"之和；图表类型为三维饼图；图表标题为各球队积分对比；图例为靠右，显示百分比，效果图如 16－14 所示。

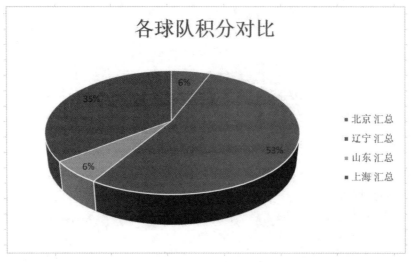

图 16－14　饼图效果图

(3)以原文件名进行保存。

操作步骤：

(1)双击打开 sy15－1.xlsx 文件。

(2)建立图表。选中 A2、A6、A10、A14、A18、E2、E6、E10、E14、E18，因为单元格是不连续的，所以在选择时，选定第一个单元格 A2 之后，要按住 Ctrl 键选择其他的单元。执行"插入"→"图表"→"饼图"，选择三维饼图，如图 16－15 所示，即生成嵌入式图表，如图 16－16 所示。

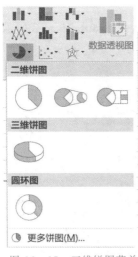

图 16－15　三维饼图菜单

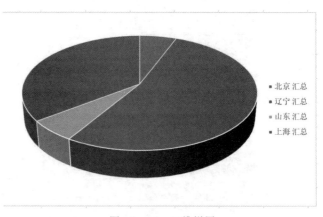

图 16－16　三维饼图

选中标题，修改为"各球队积分对比"，选中绘图区，右击，选择"添加数据标签"命令，再次右

击,选择"设置数据标签格式"命令,弹出"设置数据标签格式"对话框,进行图 16－17 所示的设置,单击"关闭"按钮,效果如图 16－14 所示。

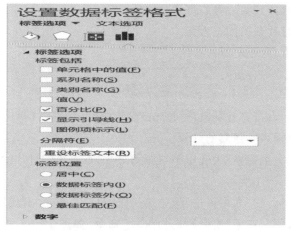

图 16－17 设置数据标签格式

(3)保存文件。单击"文件"→"另存为"命令,打开"另存为"对话框,确定保存位置为 E 盘,文件名为 sy16－3,保存类型为 Microsoft Office Excel 工作簿。

实验 17　PowerPoint2016 的基本操作

一、实验目的
(1)熟练掌握 PowerPoint2016 的基本操作。
(2)掌握幻灯片的新建、复制、移动、删除等操作
(3)掌握向幻灯片中添加对象(包括文本框、图片、自选图形、艺术字、表格、多媒体等)的方法。
(4)掌握幻灯片的格式化的方法。

二、实验内容
1.新建演示文稿

要求:启动 PowerPoint2016,创建一个演示文稿,在副标题中输入"小可爱",以文件名"sy17－1"为名保存。

操作步骤:

(1)启动 PowerPoint2016,单击"开始"→"所有程序"→"Microsoft Office"→"Microsoft Office PowerPoint2016",系统自动创建一个名为演示文稿1的演示文稿文件,此时默认有一张标题幻灯片。

(2)输入文字。在幻灯片副标题的占位符上点击鼠标,输入"小可爱"。

(3)保存文件。文件名为 sy17－1,保存类型为演示文稿。保存后,在标题栏上即可见刚保存的文件名。

2.幻灯片的新建、复制、移动、删除等操作

要求:打开 pptsy\sy17－1.pptx 文件。

(1)打开 sy17－1.pptx 文件,在第一张幻灯片后添加一张幻灯片。

(2)在第二张幻灯片的标题处输入"内容提要"。

(3)制作第一张幻灯片的副本,将副本放到第二张幻灯片后。

(4)移动第三张幻灯片到第一张幻灯片的之后。

(5)复制前三张幻灯片到第四至六张。

(6)删除第二、四、五、六张幻灯片。

(7)文件另存为 sy17－2.pptx。

操作步骤:

(1)插入新幻灯片。双击打开"sy17－1.pptx",单击"开始"→"幻灯片"→"新幻灯片"命令,在第一张幻灯片的后面插入一张新幻灯片。

(2)输入内容。在"大纲窗格"中选中第二张幻灯片,点击该幻灯片的"单击此处添加标题",输入"内容提要",如图 17－1 所示。

(3)制作幻灯片副本。在"大纲窗格"选中第一张幻灯片,单击"开始"→"幻灯片"→"新幻灯片"命令右侧的"三角按钮",选中"复制所选幻灯片"命令,如图 17－2 所示,则在第一张幻灯片的后面制作了它的副本,右击,选择"剪切"命令,把光标定位在第二张幻灯片的后面,右击,执行"Ctrl＋V"命令。

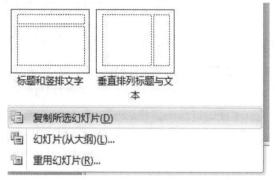

图 17－1　插入新幻灯片　　　　　　图 17－2　复制所选幻灯片

注:也可以在"大纲窗格"中选中第一张幻灯片,右击,选择"复制",把光标定位在第二张幻灯片的后面,执行"Ctrl＋V"即可。

(4)移动幻灯片。选中第三张幻灯片,按住鼠标左键拖动,拖到第一张幻灯片之后,松开鼠标左键即可。也可在"大纲窗格"选中第三张幻灯片,右击,选择"剪切"命令,选中第一张幻灯片,右击,执行"Ctrl＋V"命令。

(5)复制连续的幻灯片。先点击第一张幻灯片,按住 Shift 键,点击第三张幻灯片,则选中了这三张幻灯片,右击,选择"复制"命令,再点击第三张幻灯片,右击,选择"Ctrl＋V"命令。

(6)删除不连续的幻灯片。在"大纲窗格"点击第二张幻灯片,按住键盘上的 Ctrl 键,点击第二、四、五、六张幻灯片,右击,选择"删除幻灯片"命令。

(7)另存文件。文件名为 sy17－2,保存类型为演示文稿。

3.幻灯片演示文稿的编辑

要求:

(1)新建一演示文稿,在第一张幻灯片后插入"sy17－2.pptx"的所有幻灯片,删除第一张幻灯片。

(2)在第一张幻灯片中,删除标题占位符。插入艺术字,艺术字样式为二行五列;字体为华文行楷;字号为80;形状样式为半透明—绿色,强调颜色6,无轮廓,自行调整位置。第一张幻灯片如图17－3所示。

图17－3 第一张幻灯片

(3)设置第一张幻灯片的副标题,字体为华文行楷,字号为48磅,艺术字样式为填充—白色,轮廓—着色2,清晰阴影—着色2。

(4)在第一张幻灯片中插入声音文件"Kiss The Rain.mp3",在幻灯片放映时自动播放。

(5)在第二张幻灯片中输入文本内容,如图17－4所示。

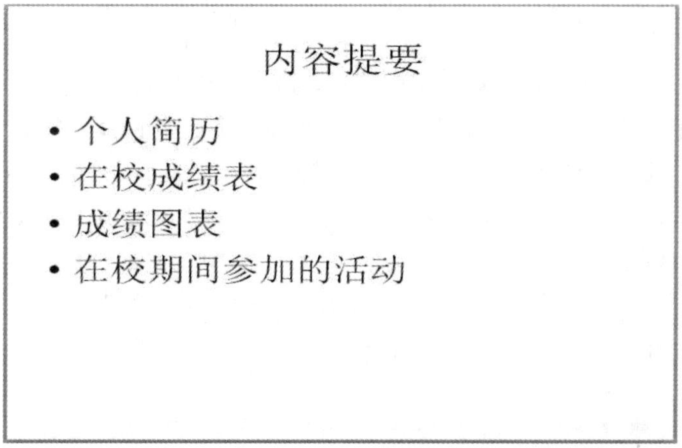

内容提要

- 个人简历
- 在校成绩表
- 成绩图表
- 在校期间参加的活动

图17－4 第二张幻灯片

(6)在第二张幻灯片后插入一张新幻灯片,输入图17－5所示的内容,并插入文件夹内图片"考拉"。图片大小为8.25厘米,宽11厘米,图片位置为水平距左上角19厘米,垂直距左上角7厘米。

个人简历

·姓名：小可爱

·性别：女

·系别：计算机系

·专业：软件工程

·爱好：摄影、音乐

图17－5 第三张幻灯片

(7)再插入一张新幻灯片。如图17－6所示,输入标题并插入表格。制作斜线表头效果。设置表格中的文字为18磅,除表头外文字分别水平垂直居中,表格位置水平居中。

在校成绩表

学年＼科目	高数	英语	计算机
第一学年	79	88	90
第二学年	88	94	78
第三学年	90	85	96
第四学年	75	86	88

图 17—6　第四张幻灯片

(8)保存文件。文件名为 sy17—3。

操作步骤：

(1)插入其他文件中的幻灯片。启动 PowerPoint2016。单击"开始"→"幻灯片"→"新幻灯片"命令右侧的"三角按钮"，选择"幻灯片(从大纲)"命令，弹出"浏览"对话框，注意在右侧文件类型中由"所有大纲"切换选择"所有文件"。在 F:\实验指导文件夹\pptsy 找到"sy17—2.pptx"文件，点击"插入"按钮。选中第一张幻灯片，按键盘上的 Delete 键。

(2)插入艺术字。选中第一张幻灯片的标题占位符，按键盘上的"Delete"删除键，即可将该占位符删除。单击"插入"→"文本"→"艺术字"按钮，选择二行五列样式，输入"我的大学生活"。选中已插入艺术字，设置字体为华文行楷，字号为 80。点击"格式"→"形状样式"中的按钮 ▼ ，在弹出的菜单中选择"半透明－绿色，强调颜色 6，无轮廓"，如图 17—3 所示。

(3)设置副标题格式。选中第一张幻灯片的副标题，单击"开始"→"字体"，设置字体、字号，在"格式"→"艺术字样式"列表中选择"填充－白色，轮廓－着色 2，清晰阴影－着色 2"，进行图 17—7 所示的设置。

图 17—7　设置副标题

(4)插入声音。选中第一张幻灯片，单击"插入"→"媒体"→"音频"，选择"文件中的音频"，打开"插入音频"对话框，在文件夹中找到要插入的音频文件，单击"确定"。选中"小喇叭"图标，单击"播放"→"音频选项"按钮，进行图 17—8 所示的设置，即可实现循环播放。

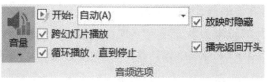

图 17－8 设置音频选项

(5)在第二张幻灯片中输入文本内容。

(6)设置第三张幻灯片的内容。选中第二张幻灯片,点击"开始"→"幻灯片"→"新幻灯片"命令,即在第二张幻灯片的后面插入一张新幻灯片。插入的幻灯片的版式默认为"标题和文本",按图17－5输入标题和文本。单击"插入"→"图片"命令,插入图片。选中图片,右击,选择"大小和位置"命令,弹出"设置图片格式"对话框,在"位置"选项卡,进行图17－9所示的设置。

图 17－9 设置图片位置

(7)设置第四张幻灯片的内容。选中第三张幻灯片,点击"开始"→"幻灯片"→"新幻灯片"命令,即在第三张幻灯片的后面插入一张新幻灯片,输入标题。点击"插入"→"表格"→"表格按钮",选择"插入表格",输入 5 行,4 列,单击"确定",即出现一个 5 行 4 列的表格,也可使用快速插入表格进行操作。将光标定位到第一个单元格,单击"表格工具"→"设计"→"表格样式"→"边框"右侧三角按钮中的"斜下边框"按钮。然后在第一个单元格输入"科目",选中"科目",单击"开始"→"段落"右对齐按钮,同理对"学年"设置左对齐,即设置了图 17－6 所示的斜线表头效果。输入表格中的其余文字,分别选择"布局"→"对齐方式"中的"居中"和"垂直居中"。选中表格,"表格"→"排列"→"对齐"→"水平居中",将表格调至页面中部。

(8)保存文件。文件名为 sy17－3,保存类型为演示文稿。

4.幻灯片的美化

要求:

(1)打开 sy17－3.pptx 文件,为所有幻灯片应用文件夹中"小清新.pot"主题。

（2）除标题幻灯片外，其他幻灯片添加编号。

（3）设置第一张幻灯片的背景为渐变填充→预设渐变中的"浅色渐变－个性色6"。

（4）对文件进行另存操作，文件名为sy17－4，保存类型为演示文稿，效果图如图17－10所示。

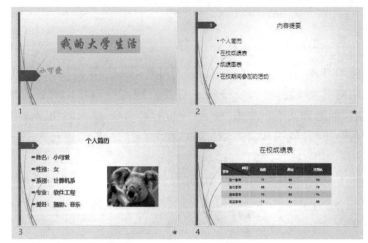

图17－10　效果图

操作步骤：

（1）打开sy17－3.pptx文件，选择"设计"→"主题"→"浏览主题"。弹出"选择主题或主题文档"对话框，选择文件夹中"小清新.pot"应用，如图17－11所示。

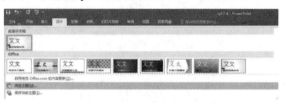

图17－11　"浏览主题"菜单

（2）单击"插入"→"文本"→"幻灯片编号"按钮，弹出"页眉页脚"对话框，在"幻灯片"对应的项"幻灯片编号"选中即可，勾选"标题幻灯片不显示"，如图17－12所示。

图17－12　插入"幻灯片编号"

（3）选中第一张幻灯片，右击，在弹出的菜单中选择"设置背景格式"，弹出"设置背景格式"对话框，选择渐变填充→预设渐变中的"浅色渐变－个性色6"进行图17－13所示设置，点击"关闭"按钮即可。

图 17—13 设置背景

(4)另存文件。文件名为 sy17—4,保存类型为演示文稿。

实验 18 PowerPoint2016 动画设置和超链接

一、实验目的

(1)掌握幻灯片动画效果的设计。

(2)掌握超链接的使用方法。

(3)掌握幻灯片的切换效果的设计。

二、实验内容

1.对演示文稿执行以下操作

要求:打开 pptsy\sy17—4.pptx。

(1)打开"sy17—4.pptx",设置所有幻灯片的切换方式为"棋盘""左侧",持续时间为 2.25 秒,单击鼠标时换片。

(2)设置第三张幻灯片的动画效果。首先,为标题添加动画为"进入"中的"飞入",方向为自左侧,单击鼠标时开始。其次,为文本添加动画为"进入"中的"擦除",方向为自左侧,上一动画之后 1 秒自动开始,持续时间 0.5 秒,动画播放后变为红色。最后,为图片添加动画为进入中的"缩放",与前一事件相同。

(3)为第二张幻灯片的文本文字"在校成绩表"设置超链接,链接到第四张幻灯片。

(4)在第四张幻灯片的右下角添加"自定义"按钮,链接到第二张幻灯片,在按钮上添加文字"内容提要"。

(5)新增第五张幻灯片,输入文本"更多信息请查看主页!",文本添加超链接,链接到 www.sohu.com。

(6)在第五张幻灯片右下角插入一个"结束"动作按钮,链接到结束放映。最终效果图如图 18—1 所示。

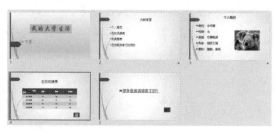

图 18—1 效果图

(7)另存文件。文件名为 sy18－1,保存类型为演示文稿。

操作步骤：

(1)幻灯片的切换。双击打开 sy17－4.pptx 文件,点击"切换"→"切换到此幻灯片"▼,选择"棋盘","效果选项"选择"自左侧",如图 18－2 所示。点击"切换"→"计时选项"→"换片方式"选择"单击鼠标切换",持续时间为 2.25 秒,点击"全部应用"按钮,如图 18－3 所示。

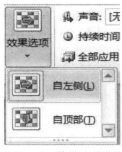

图 18－2　效果选项设置

图 18－3　"计时"选项卡设置

(2)为第三张幻灯片添加动画效果。切换到第三张幻灯片,选中标题占位符,点击"动画"→"高级动画"→"添加动画",选择"进入"→"飞入",如图 18－4 所示,方向为自左侧。选中文本占位符,点击"动画"→"高级动画"→"添加动画",选择"进入"→"擦除",如图 18－5 所示,方向为自左侧。在右侧"动画窗格"中选中"文本占位符"下拉列表,选择"效果选项",弹出设置对话框,打开"效果"页面,在"动画播放后"下拉列表选择"其他颜色",如图 18－6 所示,设置红色,如图 18－7 所示。在计时选项区,进行图 18－8 所示的设置。选中右侧图片,选择"缩放"动画,与文字进行相同时间设置。

图 18－4　"进入"中"飞入"效果

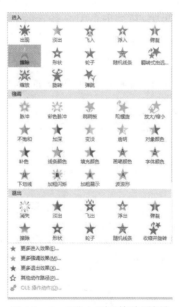

图 18－5　"进入"中"擦除"效果

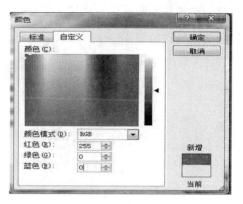

图 18—6 设置"动画播放后"效果　　　　　　图 18—7 "自定义"红色

(3)设置超链接。选中第二张幻灯片上的文本"在校成绩表",右键选择"超链接",进行图 18—9 所示的设置。

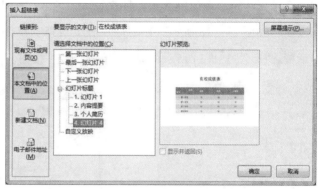

图 18—8 设置动画时间　　　　　　图 18—9 "插入超链接"对话框

(4)添加自定义按钮。选中第四张幻灯片,点击"插入"→"插图"→"形状",选择"动作按钮"中最后一个"自定义按钮",如图 18—10 所示。在幻灯片右下角画一个动作按钮。弹出"动作设置"对话框,进行图 18—11 所示的设置。选中该动作按钮,右击,链接到第二张幻灯片。右键选中按钮后选择"编辑文字"命令,输入"内容提要"。

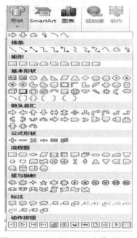

图 18—10 插入"动作按钮"　　　　　　图 18—11 链接幻灯片

（5）为文本添加超链接。新增第五张幻灯片，输入文本"更多信息请查看主页！"，选中文本右键"超链接"，进行图18－12所示的设置，单击"确定"即可。

图18－12　插入超链接

（6）制作结束按钮。选中第五张幻灯片，点击"插入"→"插图"→"形状"，选择"动作按钮"中的"结束按钮"，如图18－13所示。在幻灯片右下角拖动鼠标，绘制一个动作按钮。弹出"动作设置"对话框，进行图18－14所示的设置，单击"确定"按钮。

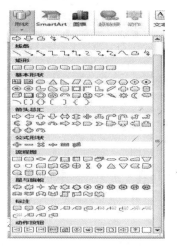

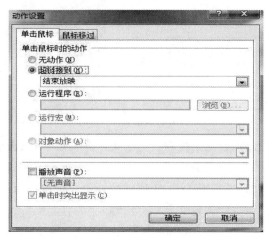

图18－13　插入"结束"动作按钮　　　　　图18－14　链接到结束放映

（7）另存文件。文件名为sy18－1，保存类型为演示文稿。

2.打印演示文稿

要求：打开pptsy\sy18－1.pptx，以讲义形式进行打印。

操作步骤：

双击打开sh18－1.pptx文件，点击"文件"→"打印"命令，在"打印"项中进行图18－15所示的设置，单击"确定"即可。

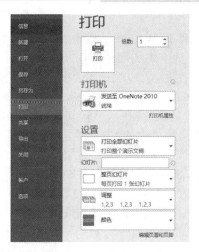

图 18-15　打印设置

实验 19　Word2016 和 Excel 2016 的综合应用

实验目的

(1)掌握 Word 文档中插入 Excel 电子表格。

(2)掌握 Word 文档中插入 Excel 图表。

(3)掌握使用 Excel 电子表格作为数据源完成 Word 的邮件合并。

实验内容

1.制作一份表格数据完善的项目计划书

要求:

将现有的一份"项目计划书"文档根据所提供的"人员组成表.xlsx""费用融资表.xlsx""预期目标表.xlsx"等素材文件对项目计划书文档进行完善,最终效果图如图 19-1 所示。

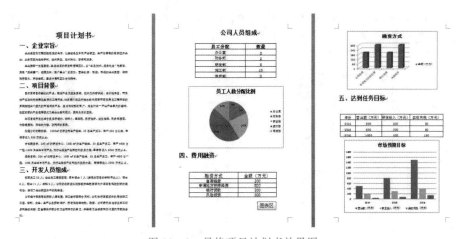

图 19-1　最终项目计划书效果图

操作步骤：

(1)打开 D:\实验指导操作文件夹\WdElPtsy\实验 19\项目计划文件夹下的"项目计划书.docx"文档,光标定位到第二页"公司人员组成"下面。

(2)打开 D:\实验指导操作文件夹\WdElPtsy\实验 19\项目计划文件夹下的"人员组成表.xlsx",选中表格中的数据,使用组合键 Ctrl＋C(或右击鼠标在弹出的快捷菜单中单击"复制",或选择"开始"→"剪贴板"选项组,单击"复制"按钮),然后切换到"项目计划书.docx",选择"开始"→"剪贴板"选项组,单击"粘贴"下拉菜单中的"选择性粘贴",打开"选择性粘贴"对话框,如图 19－2 所示,选择"Microsoft Excel 工作表对象",单击"确定"按钮。

(3)在"人员组成表.xlsx"中,根据表中数据制作一个饼图。

(4)选中饼图,复制;切换到"人员组成表.xlsx",在数据表的下方,选择性粘贴图表,如图 19－3 所示,选择"Microsoft Excel 图表对象",单击"确定"按钮。

图 19－2　选择性粘贴工作表　　　　　图 19－3　选择性粘贴工作图表

(5)打开 D:\实验指导操作文件夹\WdElPtsy\实验 19\项目计划文件夹下的"费用融资表.xlsx",将表格中的数据按照第(2)步的的方法粘贴到"四、费用融资"文本下面。

(6)在"费用融资表.xlsx"中根据表格中的数据制作一个"三维簇状柱形图"。

(7)将"三维簇状柱形图"按照第(3)步复制到"融资费用表"下面。

(8)同理,在"预期目标表.xlsx"中,根据表格中的数据制作一个"簇状柱形图",然后按照第(2)、(3)步将数据表和数据图表复制到"项目计划书.docx"文档中的"五、达到任务目标"文本下方。

2.使用 Word 邮件合并功能,制作学生胸卡

要求：

使用 Excel 文件"学生库.xlsx"作为数据源,Word 文件"胸卡模版.docx"作为主文档,使用邮件合并功能批量制作学生胸卡,效果图如图 19－4 所示。

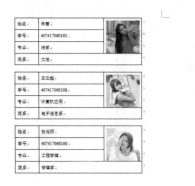

图 19－4　最终项目计划书效果图

操作步骤：

(1)打开主文档：打开 D:\实验指导操作文件夹\WdElPtsy\实验 19\邮件合并文件夹下的"胸卡模版.docx"。

(2)在主文档界面，单击"邮件"→"开始邮件合并"→"开始邮件合并"下拉菜单中的"信函"命令。

(3)单击"邮件"→"开始邮件合并"→"选择收件人"下拉菜单中的"使用现有列表"命令，弹出"选择数据源"对话框，找到 D:\实验指导操作文件夹\WdElPtsy\实验 19\邮件合并文件夹"学生库.xlsx"文件，弹出"选择表格"对话框，选择需要的工作表，单击"确定"按钮。

(4)单击"邮件"→"开始邮件合并"→"邮件合并收件人"→"编辑收件人列表"，弹出"邮件合并收件人"对话框，根据需要选择取消收件人，如图 19－5 所示，单击"确定"按钮。

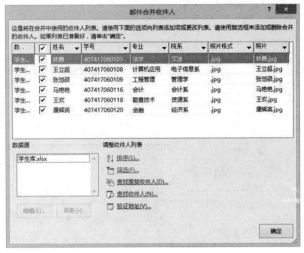

图 19－5 "邮件合并收件人"对话框

(5)插入字段：将鼠标定位在要插入合并域的位置，单击"邮件"→"编写和插入域"→"插入合并域"下拉菜单，对应选择要插入的字段。

(6)照片的插入：将鼠标定位到主文档照片的小表格里，单击"插入"→"文档部件"下拉菜单中的"域"，弹出"域"对话框，如图 19－6 所示。在"域名"中选择"IncludePicture"，在域属性"文件名或 URL"文本框中输入"1"（便于编辑域），单击"确定"按钮。选中刚刚插入的域，按 Shift＋F9 切换为源代码方式，如图 19－7 所示，选择"1"，单击"邮件"→"编写和插入域"→"插入合并域"下拉菜单中的"照片"。

图 19－6 "域"对话框

(8)选中插入的照片,按 F9 刷新,单击"邮件"→"完成"→"完成并合并"下拉菜单中的"编辑单个文档"命令,弹出"合并到新文档"对话框。选择"全部"单选框,如图 19－8 所示。单击"确定"按钮,按 Ctrl＋A 全选,按 F9 刷新,则生成了多个准考证,若照片是同一个人的,则可以保存生成的文档,关闭退出,然后重新打开,再次全选,按 F9 刷新,即可刷新照片。

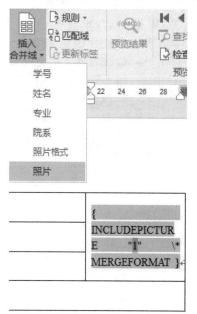

图 19－7　编辑"照片域"

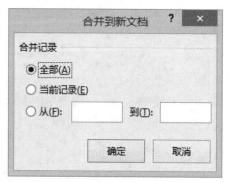

图 19－8　"合并到新文档"对话框

(9)生成的文档以原文件名保存。

注意:该题目也可以使用"邮件"→"开始邮件合并"→"开始邮件合并"下拉菜单中的"邮件合并分步向导"打开"邮件合并"任务窗格,在任务窗格中根据提示一步一步完成。

实验 20　Word2016 和 PowerPoint2016 的综合应用

一、实验目的

(1)理解 Word 2016 和 PowerPoint 2016 之间的协作。

(2)掌握将 Word 2016 文档转换成演示文稿。

二、实验内容

Word 文档转换和演示文稿综合例题。

要求:

(1)将 D:\实验指导操作文件夹\WdElPtsy\实验 20 文件夹下的 Word 文档"计算机二级 C 考试大纲.docx"转换成演示文稿。

(2)格式化演示文稿,并制作一张首页和一张结束页。

(3)将欢迎首页和结束页的幻灯片插入到 Word 文档的开头和结尾。

(4)用制作好的演示文稿生成一份演示文稿讲义,以文件命名"讲义.docx"保存。

操作步骤:

(1)打开 D:\实验指导操作文件夹\WdElPtsy\实验 20 文件夹下的 Word 文档"计算机二级

C 考试大纲.docx"，视图切换到"大纲"。按照图 20—1 所示的样式插入"下一页"分隔符。

图 20—1　"大纲视图的分节符"设置

（2）自定义快速访问工具栏：在快速访问工具栏上右击鼠标，弹出快捷菜单，选中"自定义快速访问工具栏"命令，打开"Word 选项"对话框，左侧导航栏中选中"快速访问工具栏"，在右侧工作区的"从下列位置选择命令"列表框中选择"不在功能区中的命令"，找到"发送到 Microsoft PowerPoint"添加到快速访问工具栏。

（3）单击"快速访问工具栏"上的"发送到 Microsoft PowerPoint"命令，即可生成对应的演示文稿，以文件名"计算机二级 C 考试大纲.pptx"保存在文件夹"实验 20"中。

（4）对生成的演示文稿进行美化，然后制作一张首页。首先为演示文稿设置一个主题，新建一张空白幻灯片，在该幻灯片中插入艺术字"计算机二级 C 考试培训"，字体为"华文行楷"，字号为 66，（"开始"→"字体"选项组中设置），艺术字文字效果为"上弯弧"（"绘图工具格式"→"艺术字样式"选项组，单击"文字效果"下拉菜单中"转换"级联菜单中的"跟随路径"→"上弯弧"），文本轮廓为红色（"绘图工具格式"→"艺术字样式"选项组，单击"文本轮廓"设置标准色红色），"文本填充"设置"紫色，个性色 6，淡色 60％"，效果图如图 20—2 所示。

（5）使用同样的方法，在演示文稿的末尾，新建一张空白幻灯片，插入艺术字"谢谢！"，然后对艺术字进行美化，效果图如图 20—3 所示。

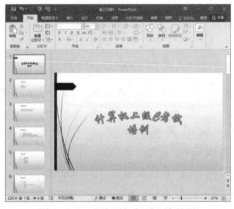

图 20—2　"首页幻灯片"效果图

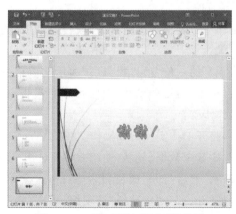

图 20—3　"结束页幻灯片"效果图

（6）自定义快速访问工具栏：在快速访问工具栏上右击鼠标，弹出快捷菜单，选中"自定义快速访问工具栏"命令，打开"PowerPoint 选项"对话框，左侧导航栏中选中"快速访问工具栏"，在右侧工作区的"从下列位置选择命令"列表框中选择"不在功能区中的命令"，找到"在 Microsoft Word 中创建讲义"添加到快速访问工具栏。

（7）单击"快速访问工具栏"上的"在 Microsoft Word 中创建讲义"按钮，Microsoft Word 的使用版式选择"空行在幻灯片旁"，即可生成对应的 Word 讲义，以文件名"讲义.docx"保存在文件夹"实验20"中，生成的讲义文件效果如图 20－4 所示。

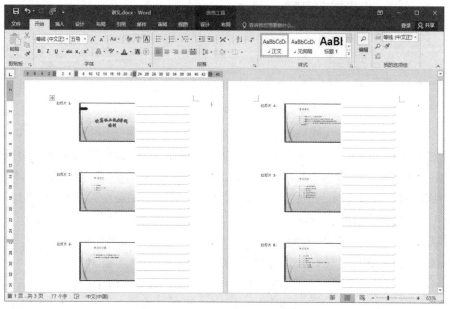

图 20－4　生成的讲义文件效果图

实验 21　Excel 2016 和 PowerPoint 2016 的综合应用

一、实验目的

（1）掌握在演示文稿中插入 Excel 电子表格。

（2）掌握在演示文稿中插入 Excel 电子图表。

二、实验内容

制作一份表格数据完善的"项目计划书"的演示文稿

要求：

将现有的一份"项目报告书"演示文稿根据所提供的"人员组成表.xlsx""费用融资表.xlsx""预期目标表.xlsx"等素材文件对"项目报告书"演示文稿进行完善。

操作步骤：

（1）打开 D:\实验指导操作文件夹\WdElPtsy\实验 21 文件夹下的"人员组成表.xlsx"电子表格，选中其中数据，复制（使用 Ctrl＋C 组合键复制或选择"开始"→"剪贴板"选项组，单击"复制"按钮）。然后打开"项目报告书.pptx"演示文稿，光标定位第五张幻灯片内，删除文本占位符。选择"开始"→"剪贴板"选项组，单击"粘贴"下拉菜单中的"选择性粘贴"，如图 21－1 所示，"形式"选择"Microsoft Excel 工作表对象"，单击"确定"按钮。

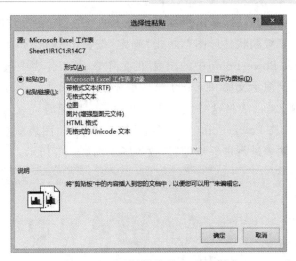

图 21-1 "选择性粘贴"工作表对象

(2)切换到"人员组成表.xlsx"工作表,复制图表,然后到"项目报告书.pptx"演示文稿,光标定位第五张幻灯片内,选择"开始"→"剪贴板"选项组,单击"粘贴"下拉菜单中的"选择性粘贴",如图 21-2 所示,"形式"选择"Microsoft Office 图形对象",单击"确定"按钮。

(3)合理调整粘贴的表格和图表的位置,效果图如图 21-3 所示。

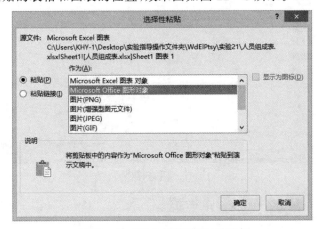

图 21-2 "选择性粘贴"图形对象

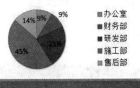

图 21-3 "人员组成幻灯片"效果图

（4）光标定位到第六张幻灯片，单击文本占位符中的"插入图表"，弹出"插入图表"对话框，如图21—4所示，选择"三维簇状柱形图"，单击"确定"按钮。Excel 2016将自动运行并创建一个名为"Microsoft Office PowerPoint 中的图表"的工作表，该工作表中包含图表数据，将与演示文稿同时保存。可以看到演示文稿和 Excel 窗口都显示在屏幕上。同时，Excel 还为图表自动创建了一些数据。删除 Excel 表格这些默认的数据，打开"费用融资表.xlsx"文件，将其中的数据复制到"Microsoft Office PowerPoint 中的图表"的工作表中，图表就自动创建了。使用功能区的"图表工具"可以对图表进行进一步编辑，效果图如图21—5所示。

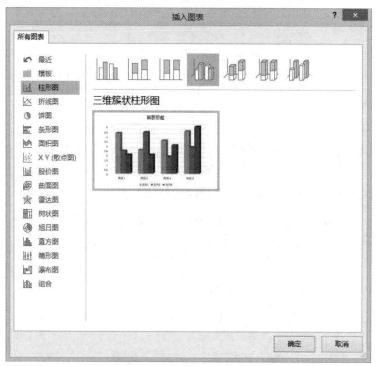

图21—4 "图表类型"选择

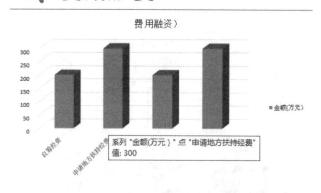

图21—5 "费用融资幻灯片"效果图

（5）同理，将"预期目标.xlsx"文件中的数据图表插入到演示文稿的第七张幻灯片中。

实验 22 Intetnet 的综合应用

一、实验目的

(1)熟练掌握 Internet Explorer(以下简称 IE)的基本使用方法。

(2)掌握在网络上使用搜索引擎搜索并下载文件的方法。

(3)掌握收发电子邮件的方法(Outlook)。

二、实验内容

1.Internet 操作

要求:

(1)启动 IE 浏览器。

(2)将 www.hao123.com 设置为 IE 浏览器的主页,并重新启动 IE 进行观察。

(3)打开 www.baidu.com,将该网页的标志性图片以文件名"百度图片.gif"保存到 E 盘。

(4)利用百度搜索引擎,搜索与"伦敦奥运"有关的网页,并查看搜索到的第一个网页的内容。将其添加到收藏夹,并命名为"伦敦奥运"。

(5)利用百度搜索引擎,搜索"腾讯 qq 软件",下载官方版本,以文件名"qq 软件"保存到 E 盘。

操作步骤:

(1)启动 IE 浏览器。在桌面上双击"Internet Explorer"图标,可启动 IE,打开 IE 窗口,窗口中显示的是默认浏览器主页。

(2)设置浏览器主页。点击"工具"→"Internet 选项"命令,打开"Internet 选项"对话框,在"常规"选项卡输入网址:www.hao 123.com,如图 22－1 所示,"应用""确定"。再次启动 IE,发现此时默认打开的已经是 www.hao123.com 网站的主页。

图 22－1 更改主页

(2)保存网页上的图片。启动 IE,在地址栏输入 www.baidu.com,打开百度搜索引擎,鼠标指向需要保存的图片,右击,选择"图片另存为"命令,如图 22－2 所示,打开"保存图片"对话框,确定保存在 E 盘,文件名为百度图片,保存类型为 gif。

图 22－2 保存百度图片

（4）搜索并收藏网页。在百度搜索引擎窗口的文本框中输入"伦敦奥运"，如图 22－3 所示，点击"百度一下"，在搜索到的页面中点击第一个超链接，浏览该网页，点击"收藏"命令，打开"添加到收藏夹"对话框，标题改为"伦敦奥运"。

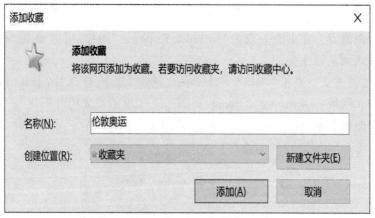

图 22－3 添加收藏夹

（5）搜索并下载。在百度搜索引擎窗口的文本框中输入"腾讯 qq"，点击"百度一下"，在搜索到的页面中点击"官方下载"按钮，弹出下载对话框，点击"保存"按钮，打开"另存为"对话框，确定保存在 E 盘，文件名为 qq 软件，保存类型为应用程序。

2.收发电子邮件

要求：

（1）接收邮件。

（2）保存邮件及附件。将最新收到的邮件以文件名"邮件.eml"保存到 E 盘。如果该邮件含有附件，则保存该附件到 U 盘。

（3）回复该邮件。

（4）转发该邮件给自己的一位同学。

(5)删除该邮件。

(6)发送邮件。给自己的一位同学发送一封邮件,邮件中带有音乐文件的附件。

操作步骤:

(1)接收邮件。启动 Outlook,点击左侧窗格中的"收件箱",接收邮件。

(2)保存邮件。点击左侧窗格中的"收件箱",在右窗格中选择收到的邮件,在窗口下方会显示邮件内容。选择最新收到的邮件,点击"文件"→"另存为"命令,打开"邮件另存为"对话框,确定保存位置为 E 盘,文件名为邮件1,保存类型为邮件。如果该邮件含有附件,可通过执行"文件"→"保存附件"命令,把附件保存到本地磁盘。

(3)回复邮件。选择最新收到的邮件,点击工具栏上"回复"按钮,打开回复邮件窗口,根据需要输入回复内容,单击该窗口工具栏上"发送"按钮。

(4)转发邮件。选择最新收到的邮件,点击工具栏上的"转发"按钮,打开转发邮件窗口,在收件人处输入一个同学的邮箱,单击该工具栏上"发送"按钮。

(5)删除邮件。选择最新收到的邮件,点击工具栏上的"删除"按钮。

(6)发送邮件。点击工具栏上的"新建邮件"按钮,打开"新邮件"窗口,在收件人处输入一个同学的邮箱,在主题处输入邮件的主题,单击"插入"→"文件附件"命令,打开"插入附件"对话框,找到一个音乐文件作为附件,点击"附件",返回到刚写的邮件窗口,点击工具栏上的"发送"按钮。

3.综合应用

要求:

(1)如何保护网页上面的内容不被复制一直是网站设计者绞尽脑汁想要解决的问题,不过由于网页的解析和渲染是在本地进行的,因此至少在目前这个阶段,使用浏览器的"查看源文件"功能就能"破解"这种限制,只不过格式和内容混杂在一起需要手工挑拣出来而已。http://www.yinxingshu.cn 就是这样一个页面,请浏览该页面并将其中的"移栽银杏树的养护经验"的正文作为邮件内容通过 Outlook Express 发送给 easy@skills.com,邮件标题为"移栽银杏树的养护经验"。

(2)将经常访问的网站加入浏览器的收藏夹是个好习惯。这样,一方面可以不必记忆复杂的地址快速打开该页面,另一方面也可以方便地导入导出这些网页地址。请浏览网站 http://www.hebeea.edu.cn/并用"考试院"的名字将其加入浏览器的收藏夹。

操作步骤:

(1)启动 IE,在地址栏输入 http://www.yinxingshu.cn,回车,浏览该页面,点击左侧导航栏中的"移栽银杏树的养护经验",选中文本,执行"Ctrl+C"复制文本。

发送邮件。启动 OE,点击"工具栏"上的新建邮件,弹出"新建邮件"对话框,进行图 22—4所示的设置,点击"工具栏"上的发送按钮。

图 22—4　发送邮件

（2）启动 IE，在地址栏输入 http://www.hebeea.edu.cn，浏览网站，点击"工具栏"上收藏按钮，弹出"添加到收藏夹"对话框，进行图 22—5 所示设置，单击"确定"即可。

图 22—5　添加收藏夹

第二部分 习题汇编

单选题

1. 根据计算机使用的电信号来分类,电子计算机分为数字计算机和模拟计算机,其中数字计算机是以(   )为处理对象。

    A.字符数字量　　　　　B.物理量　　　　　C.数字量　　　　　D.数字、字符和物理量

2. 下列关于世界上第一台电子计算机 ENIAC 的叙述中,不正确的是(   )。

    A.它是 1946 年在美国诞生的

    B.它主要采用电子管和继电器

    C.它是首次采用存储程序和程序控制使计算机自动工作

    D.它主要用于弹道计算

3. 世界上第一台计算机产生于(   )。

    A.宾夕法尼亚大学　　　　　　　　　B.麻省理工学院

    C.哈佛大学　　　　　　　　　　　　D.加州大学洛杉矶分校

4. 第一台电子计算机 ENIAC 每秒钟运算速度为(   )。

    A.5 000 次　　　　　B.5 亿次　　　　　C.50 万次　　　　　D.5 万次

5. 冯·诺依曼提出的计算机体系结构中硬件由(   )部分组成。

    A.2　　　　　　　　　B.5　　　　　　　　　C.3　　　　　　　　　D.4

6. 科学家(   )奠定了现代计算机的结构理论。

    A.诺贝尔　　　　　B.爱因斯坦　　　　　C.冯·诺依曼　　　　　D.居里

7. 冯·诺依曼计算机工作原理的核心是(   )和程序控制。

    A.顺序存储　　　　　B.存储程序　　　　　C.集中存储　　　　　D.运算存储分离

8. 计算机的基本理论存储程序是由(   )提出来的。

    A.牛顿　　　　　　　　　　　　B.冯·诺依曼

    C.爱迪生　　　　　　　　　　　D.莫奇利和艾科特

9. 电气与电子工程师协会(IEEE)将计算机划分为(   )类。

    A.3　　　　　　　　　B.4　　　　　　　　　C.5　　　　　　　　　D.6

10. 计算机中的指令和数据采用(   )存储。

    A.十进制　　　　　B.八进制　　　　　C.二进制　　　　　D.十六进制

11. 第二代计算机的内存储器为(   )。

    A.水银延迟线或电子射线管　　　　　　B.磁芯存储器

    C.半导体存储器　　　　　　　　　　　D.高集成度的半导体存储器

12. 第三代计算机的运算速度为每秒(   )。

    A.数千次至几万次　　　　　　　　　　B.几百万次至几万亿次

    C.几十次至几百万次　　　　　　　　　D.几百万次至几百万次

13.第四代计算机不具有的特点是（　　）。

    A.编程使用面向对象程序设计语言

    B.发展计算机网络

    C.内存储器采用集成度越来越高的半导体存储器

    D.使用中小规模集成电路

14.计算机将程序和数据同时存放在机器的（　　）中。

    A.控制器　　　　　　　B.存储器　　　　　　C.输入/输出设备　　　D.运算器

15.第二代计算机采用（　　）作为其基本逻辑部件。

    A.磁芯　　　　　　　　　　　　　　　　B.微芯片

    C.导体存储器　　　　　　　　　　　　　D.晶体管

16.第三代计算机采用（　　）作为主存储器。

    A.磁芯　　　　　　　　　　　　　　　　B.微芯片

    C.半导体存储器　　　　　　　　　　　　D.晶体管

17.大规模和超大规模集成电路是第（　　）代计算机主要使用的逻辑元器件。

    A.一　　　　　　　　　B.二　　　　　　　　C.三　　　　　　　　D.四

18.1983年,我国第一台亿次巨型电子计算机诞生了,它的名称是（　　）。

    A.东方红　　　　　　　B.神威　　　　　　　C.曙光　　　　　　　D.银河

19.我国的计算机的研究始于（　　）。

    A.20世纪50年代　　　　　　　　　　　B.21世纪50年代

    C.18世纪50年代　　　　　　　　　　　D.19世纪50年代

20.我国研制的第一台计算机用（　　）命名。

    A.联想　　　　　　　　B.奔腾　　　　　　　C.银河　　　　　　　D.方正

21.服务器（　　）。

    A.不是计算机　　　　　　　　　　　　　B.是为个人服务的计算机

    C.是为多用户服务的计算机　　　　　　　D.是便携式计算机的别名

22.对于嵌入式计算机的说法正确的是（　　）。

    A.用户可以随意修改其程序

    B.冰箱中的微电脑是嵌入式计算机的应用

    C.嵌入式计算机属于通用计算机

    D.嵌入式计算机只能用于控制设备中

23.（　　）赋予计算机综合处理声音、图像、动画、文字、视频和音频信号的功能,是20世纪90年代计算机的时代特征。

    A.计算机网络技术　　　　　　　　　　　B.虚拟现实技术

    C.多媒体技术　　　　　　　　　　　　　D.面向对象技术

24.计算机存储程序的思想是（　　）提出的。

    A.图灵　　　　　　　　B.布尔　　　　　　　C.冯·诺依曼　　　　D.帕斯卡

25.计算机被分为大型机、中型机、小型机、微型机等类型,是根据计算机的（　　）来划分的。

    A.运算速度　　　　　　B.体积大小　　　　　C.质量　　　　　　　D.耗电量

26.下列说法正确的是( )。

A.第三代计算机采用电子管作为逻辑开关元件

B.1958—1964 年生产的计算机被称为第二代产品

C.现在的计算机采用晶体管作为逻辑开关元件

D.计算机将取代人脑

27.( )是计算机最原始的应用领域,也是计算机最重要应用之一。

A.数值计算   B.过程控制

C.信息处理   D.计算辅助设计

28.在计算机的众多特点中,其最主要的特点是( )。

A.计算速度快   B.存储程序与自动控制

C.应用广泛   D.计算精度高

29.某单位自行开发的工资管理系统,按计算机应用的类型划分,它属于( )。

A.科学计算   B.辅助设计   C.数据处理   D.实时控制

30.计算机应用最广泛的领域是( )。

A.数值计算   B.数据处理   C.过程控制   D.人工智能

31.下列四条叙述中,有错误的是( )。

A.以科学技术领域中的问题为主的数值计算称为科学计算

B.计算机应用可分为数值应用和非数值应用两类

C.计算机各部件之间有两股信息流,即数据流和控制流

D.对信息(即各种形式的数据)进行收集、储存、加工与传输等一系列活动的总称为实时控制

32.金卡工程是我国正在建设的一项重大计算机应用工程项目,它属于( )应用。

A.科学计算   B.数据处理   C.实时控制   D.计算机辅助设计

33.CAI 的中文含义是( )。

A.计算机辅助设计   B.计算机辅助制造

C.计算机辅助工程   D.计算机辅助教学

34.目前计算机逻辑器件主要使用( )。

A.磁芯   B.磁鼓   C.磁盘   D.大规模集成电路

35.计算机应用经历了三个主要阶段,这三个阶段是超、大、中、小型计算机阶段,微型计算机阶段和( )。

A.智能计算机阶段   B.掌上电脑阶段

C.互联网阶段   D.计算机网络阶段

36.微型计算机属于( )计算机。

A.第一代   B.第二代   C.第三代   D.第四代

37.当前计算机正朝两极方向发展,即( )。

A.专用机和通用机   B.微型机和巨型机

C.模拟机和数字机   D.个人机和工作站

38.未来计算机发展的总趋势是( )。

A.微型化   B.巨型化   C.智能化   D.数字化

39.微处理器把运算器和(　　)集成在一块很小的硅片上,是一个独立的部件。

    A.控制器　　　　　　B.内存储器　　　　　　C.输入设备　　　　　　D.输出设备

40.微型计算机的基本构成有两个特点:一是采用微处理器,二是采用(　　)。

    A.键盘和鼠标器作为输入设备　　　　　　B.显示器和打印机作为输出设备

    C.ROM 和 RAM 作为主存储器　　　　　　D.总线系统

41.在微型计算机系统组成中,把微处理器 CPU、只读存储器 ROM 和随机存储器 RAM 三部分统称为(　　)。

    A.硬件系统　　　　　　B.硬件核心模块　　　　　　C.微机系统　　　　　　D.主机

42.微型计算机使用的主要逻辑部件是(　　)。

    A.电子管　　　　　　　　　　　　　　B.晶体管

    C.固体组件　　　　　　　　　　　　　D.大规模和超大规模集成电路

43.微型计算机的系统总线是 CPU 与其他部件之间传送(　　)信息的公共通道。

    A.输入、输出、运算　　　　　　　　　B.输入、输出、控制

    C.程序、数据、运算　　　　　　　　　D.数据、地址、控制

44.CPU 与其他部件之间传送数据是通过(　　)实现的。

    A.数据总线　　　　　　　　　　　　　B.地址总线

    C.控制总线　　　　　　　　　　　　　D.数据、地址和控制总线

45.下列不属于信息的基本属性是(　　)。

    A.隐藏性　　　　　　B.共享性　　　　　　C.传输　　　　　　D.可压缩性

46.任何进位计数制都有的两要素是(　　)。

    A.整数和小数　　　　　　　　　　　　B.定点数和浮点数

    C.数码的个数和进位基数　　　　　　　D.阶码和尾码

47.计算机中的数据是指(　　)。

    A.数学中的实数　　　　　　　　　　　B.数学中的整数

    C.字符　　　　　　　　　　　　　　　D.一组可以记录、可以识别的记号或符号

48.在计算机内部,一切信息的存取、处理和传送的形式是(　　)。

    A.ASCII 码　　　　　　B.BCD 码　　　　　　C.二进制　　　　　　D.十六进制

49.信息处理包括(　　)。

    A.数据采集　　　　　　　　　　　　　B.数据传输

    C.数据检索　　　　　　　　　　　　　D.上述 3 项内容

50.数制是(　　)。

    A.数据　　　　　　B.表示数目的方法　　　　　　C.数值　　　　　　D.信息

51.如果一个存储单元能存放一个字节,那么一个 32 KB 的存储器共有(　　)个存储单元。

    A.37　　　　　　B.32 768　　　　　　C.32 767　　　　　　D.65 536

52.十进制数 0.653 1 转换为二进制数为(　　)。

    A.0.100101　　　　　　B.0.100001　　　　　　C.0.101001　　　　　　D.0.011001

53.计算机中的逻辑运算一般用(　　)表示逻辑真。

    A.yes　　　　　　B.1　　　　　　C.0　　　　　　D.no

54.执行逻辑或运算 01010100∨10010011,其运算结果是(   )。

　　A.00010000　　　　　B.11010111　　　　　C.11100111　　　　　D.11000111

55.执行逻辑非运算 10110101,其运算结果是(   )。

　　A.01001110　　　　　B.01001010　　　　　C.10101010　　　　　D.01010101

56.执行逻辑与运算 10101110∧10110001,其运算结果是(   )。

　　A.01011111　　　　　B.10100000　　　　　C.00011111　　　　　D.01000000

57.执行二进制算术运算 01010100＋10010011,其运算结果是(   )。

　　A.11100111　　　　　B.11000111　　　　　C.00010000　　　　　D.11101011

58.执行八进制算术运算 15×12,其运算结果是(   )。

　　A.17A　　　　　　　　B.252　　　　　　　　C.180　　　　　　　　D.202

59.执行十六进制算术运算 32－2B,其运算结果是(   )。

　　A.7　　　　　　　　　B.11　　　　　　　　　C.1 A　　　　　　　　D.1

60.计算机能处理的最小数据单位是(   )。

　　A.ASCII 码字符　　　B.B　　　　　　　　　C.word　　　　　　　D.bit

61.bit 的意思(   )。

　　A.0～7　　　　　　　　B.0～f　　　　　　　　C.0～9　　　　　　　D.1 或 0

62.1 KB =(   )。

　　A.1 000 B　　　　　　B.10^{10} B　　　　　C.1 024 B　　　　　D.10^{20} B

63.字节是计算机中(   )信息单位。

　　A.基本　　　　　　　　B.最小　　　　　　　　C.最大　　　　　　　D.不是

64.十进的整数化为二进制整数的方法是(   )。

　　A.乘 2 取整法　　　　　　　　　　　　B.除 2 取整法

　　C.乘 2 取余法　　　　　　　　　　　　D.除 2 取余法

65.下列各种进制的数中,最大的数是(   )。

　　A.二进制数 101001　　　　　　　　　B.八进制数 52

　　C.十六进制数 2B　　　　　　　　　　D.十进制数 44

66.二进制数 1100100 对应的十进制数是(   )。

　　A.384　　　　　　　　B.192　　　　　　　　C.100　　　　　　　　D.320

67.将十进制数 119.275 转换成二进制数约为(   )。

　　A.1110111.011　　　　B.1110111.01　　　　C.1110111.11　　　　D.1110111.10

68.将十六进制数 BF 转换成十进制数是(   )。

　　A.187　　　　　　　　B.188　　　　　　　　C.191　　　　　　　　D.196

69.将二进制数 101101.1011 转换成十六进制小数是(   )。

　　A.2D.B　　　　　　　B.22D.A　　　　　　　C.2B.A　　　　　　　D.2B.51

70.十进制小数 0.625 转换成十六进制小数是(   )。

　　A.0.01　　　　　　　　B.0.1　　　　　　　　C.0.A　　　　　　　　D.0.001

71.将八进制数 56 转换成二进制数是(   )。

　　A.00101010　　　　　B.00010101　　　　　C.00110011　　　　　D.00101110

72.将十六进制数 3AD 转换成八进制数（　　　）。

  A.3790　　　　　　B.1675　　　　　　C.1655　　　　　D.3789

73.一个字节的二进制位数为（　　　）。

  A.2　　　　　　　B.4　　　　　　　C.8　　　　　　D.16

74.将十进制数 100 转换成二进制数是（　　　）。

  A.1100100　　　　B.1100011　　　　C.00000100　　　D.10000000

75.将十进制数 100 转换成八进制数是（　　　）。

  A.123　　　　　　B.144　　　　　　C.80　　　　　　D.800

76.将十进制数 100 转换成十六进制数是（　　　）。

  A.64　　　　　　B.63　　　　　　C.100　　　　　　D.OAD

77.按对应的 ASCII 码比较,下列正确的是（　　　）。

  A.A 比 B 大　　B.f 比 Q 大　　　C.空格比逗号大　　D.H 比 R 大

78.我国的国家标准 GB 2312 用（　　　）位二进制数来表示一个字符。

  A.8　　　　　　　B.16　　　　　　C.4　　　　　　D.7

79.下列一组数据中的最大数是（　　　）。

  A.(227)0　　　　B.(1EF)H　　　　C.(101001)B　　　D.(789)D

80.101101B 表示一个（　　　）进制数。

  A.二　　　　　　B.十　　　　　　C.十六　　　　　D.任意

81.1 G 表示 2 的（　　　）次方。

  A.10　　　　　　B.20　　　　　　C.30　　　　　　D.40

82.以下关于字符之间大小关系的说法中,正确的是（　　　）。

  A.字符与数值不同,不能规定大小关系　　B.E 比 5 大

  C.Z 比 x 大　　　　　　　　　　　　D.! 比空格小

83.关于 ASCII 的大小关系,下列说法正确的是（　　　）。

  A.a＞9＞A　　　B.A＜a＜空格符　　C.C＞b＞9　　　D.Z＜A＜空格符

84.下列正确的是（　　　）。

  A.把十进制数 321 转换成二进制数是 101100001

  B.把 100H 表示成二进制数是 101000000

  C.把 400H 表示成二进制数是 1000000001

  D.把 1234H 表示成十进制数是 4660

85.十六进制数 100000 相当 2 的（　　　）次方。

  A.18　　　　　　B.19　　　　　　C.20　　　　　　D.21

86.在计算机中 1 B 无符号整数的取值范围是（　　　）。

  A.0～256　　　　B.0～255　　　　C.－128～128　　D.－127～127

87.在计算机中 1 B 有符号整数的取值范围是（　　　）。

  A.－128～127　　B.－127～128　　C.－127～127　　D.－128～128

88.在计算机中,应用最普遍的字符编码是（　　　）。

  A.原码　　　　　B.反码　　　　　C.ASCII 码　　　D.汉字编码

89.下列四条叙述中,正确的是(　　　)。

　　A.二进制正数的补码等于原码本身　　　　　　B.二进制负数的补码等于原码本身

　　C.二进制负数的反码等于原码本身　　　　　　D.上述均不正确

90.在计算机中所有的数值采用二进制的(　　　)表示。

　　A.原码　　　　　　　　B.反码　　　　　　　　C.补码　　　　　　　　D.ASCII 码

91.下列字符中,ASCII 码值最小的是(　　　)。

　　A.R　　　　　　　　B.;　　　　　　　　C.a　　　　　　　　D.空格

92.小写英文字母 m 的 ASCII 码值是十六进制数 6D,则字母 q 的十六进制 ASCII 码值是(　　　)。

　　A.98　　　　　　　B.62　　　　　　　C.99　　　　　　　D.71

93.十六进制数－61 的二进制原码是(　　　)。

　　A.10101111　　　　　B.10110001　　　　　C.10101100　　　　　D.10111101

94.八进制数－57 的二进制反码是(　　　)。

　　A.11010000　　　　　B.01000011　　　　　C.11000010　　　　　D.11000011

95.在 R 进制数中,能使用的最大数字符号是(　　　)。

　　A.9　　　　　　　B.R　　　　　　　C.0　　　　　　　D.$R-1$

96.下列八进制数中哪个不正确(　　　)。

　　A.281　　　　　　　B.35　　　　　　　C.－2　　　　　　　D.－45

97.ASCII 码是(　　　)缩写。

　　A.汉字标准信息交换代码　　　　　　　　B.世界标准信息交换代码

　　C.英国标准信息交换代玛　　　　　　　　D.美国标准信息交换代码

98.下列说法正确的是(　　　)。

　　A.计算机不做减法运算

　　B.计算机中的数值转换成反码再运算

　　C.计算机只能处理数值

　　D.计算机将数值转换成原码再计算

99.ASCII 码在计算机中用(　　　)B 存放。

　　A.8　　　　　　　B.1　　　　　　　C.2　　　　　　　D.4

100.在计算机中,汉字采用(　　　)存放。

　　A.输入码　　　　　　B.字型码　　　　　　C.机内码　　　　　　D.输出码

101.GB2312－80 码在计算机中用(　　　)B 存放。

　　A.2　　　　　　　B.1　　　　　　　C.8　　　　　　　D.16

102.输出汉字字形的清晰度与(　　　)有关。

　　A.不同的字体　　　　B.汉字的笔画　　　　C.汉字点阵的规模　　　　D.汉字的大小

103.用组合键切换中英文输入方法时按(　　　)键。

　　A.Ctrl＋空格　　　　B.Shift＋空格　　　　C.Ctrl＋Shift　　　　D.Alt＋Shift

104.对于各种多媒体信息,(　　　)。

　　A.计算机只能直接识别图像信息　　　　　　B.计算机只能直接识别音频信息

　　C.不需转换直接就能识别　　　　　　　　D.必须转换成二进制数才能识别

105.使用无汉字库的打印机打印汉字时,计算机输出的汉字编码必须是(　　)。

    A.ASCII 码　　　　　B.汉字交换码　　　　　C.汉字点阵信息　　　　D.汉字内码

106.下列叙述中,正确的是(　　)。

    A.键盘上的 F1～F12 功能键,在不同的软件下其作用是一样的

    B.计算机内部,数据采用二进制表示,而程序则用字符表示

    C.计算机汉字字模的作用是供屏幕显示和打印输出

    D.微型计算机主机箱内的所有部件均由大规模、超大规模集成电路构成

107.常用的汉字输入法属于(　　)。

    A.国标码　　　　　B.输入码　　　　　C.机内码　　　　　D.上述均不是

108.计算机中的数据可分为两种类型:数字和字符。它们最终都转化为二进制才能继续存储和处理。对于人们习惯使用的十进制,通常用(　　)进行转换。

    A.ASCII 码　　　　B.扩展 ASCII 码　　　C.扩展 BCD 码　　　D.BCD 码

109.计算机中的数据可分为两种类型:数字和字符。它们最终都转化为二进制才能继续存储和处理。对于字符编码,通常用(　　)。

    A.ASCII 码　　　　B.扩展 ASCII 码　　　C.扩展 BCD 码　　　D.BCD 码

110.计算机软件系统应包括(　　)。

    A.操作系统和语言处理系统　　　　　　B.数据库软件和管理软件

    C.程序和数据　　　　　　　　　　　　D.系统软件和应用软件

111.系统软件中最重要的是(　　)。

    A.解释程序　　　　B.操作系统　　　　C.数据库管理系统　　D.工具软件

112.一个完整的计算机系统包括(　　)两大部分。

    A.控制器和运算器　　　　　　　　　　B.CPU 和 I/O 设备

    C.硬件和软件　　　　　　　　　　　　D.操作系统和计算机设备

113.应用软件是指(　　)。

    A.游戏软件

    B.Windows XP

    C.信息管理软件

    D.用户编写或帮助用户完成具体工作的各种软件

114.Win 7、Win 10 都是(　　)。

    A.最新程序　　　　B.应用软件　　　　C.工具软件　　　　D.操作系统

115.操作系统是(　　)之间的接口。

    A.用户和计算机　　B.用户和控制对象　C.硬盘和内存　　　D.键盘和用户

116.计算机能直接执行(　　)。

    A.高级语言编写的源程序　　　　　　　B.机器语言程序

    C.英语程序　　　　　　　　　　　　　D.十进制程序

117.将高级语言翻译成机器语言的方式有(　　)两种。

    A.解释和编译　　　　　　　　　　　　B.文字处理和图形处理

    C.图像处理和翻译　　　　　　　　　　D.语音处理和文字编辑

118.银行的储蓄程序属于（   ）。

    A.表格处理软件   B.系统软件   C.应用软件   D.文字处理软件

119.Oracle 是（   ）。

    A.实时控制软件   B.数据库处理软件   C.图形处理软件   D.表格处理软件

120.AutoCAD 是（   ）软件。

    A.计算机辅助教育   B.计算机辅助设计

    C.计算机辅助测试   D.计算机辅助管理

121.计算机软件一般指（   ）。

    A.程序   B.数据   C.有关文档资料   D.上述三项

122.为解决各类应用问题而编写的程序,例如人事管理系统,称为（   ）。

    A.系统软件   B.支撑软件   C.应用软件   D.服务性程序

123.内层软件向外层软件提供服务,外层软件在内层软件支持下才能运行,表现了软件系统的（   ）。

    A.层次关系   B.模块性   C.基础性   D.通用性

124.（   ）语言是用助记符代替操作码、地址符号代替操作数的面向机器的语言。

    A.汇编   B.FORTRAN   C.机器   D.高级

125.将高级语言程序翻译成等价的机器语言程序,需要使用（   ）软件。

    A.汇编程序   B.编译程序   C.连接程序   D.解释程序

126.编译程序将高级语言程序翻译成与之等价的机器语言,前者称为源程序,后者称为（   ）。

    A.工作程序   B.机器程序   C.临时程序   D.目标程序

127.关于计算机语言的描述,正确的是（   ）。

    A.高级语言程序可以直接运行

    B.汇编语言比机器语言执行速度快

    C.机器语言的语句全部由 0 和 1 组成

    D.计算机语言越高级越难以阅读和修改

128.关于计算机语言的描述,正确的是（   ）。

    A.机器语言因为是面向机器的低级语言,所以执行速度慢

    B.机器语言的语句全部由 0 和 1 组成,指令代码短,执行速度快

    C.汇编语言已将机器语言符号化,所以它与机器无关

    D.汇编语言比机器语言执行速度快

129.关于计算机语言的描述,正确的是（   ）。

    A.翻译高级语言源程序时,解释方式和编译方式并无太大差别

    B.用高级语言编写的程序其代码效率比汇编语言编写的程序要高

    C.源程序与目标程序是互相依赖的

    D.对于编译类计算机语言,源程序不能被执行,必须产生目标程序才能被执行

130.用户用计算机高级语言编写的程序,通常称为（   ）。

    A.汇编程序   B.目标程序   C.源程序   D.二进制代码程序

131.Visual Basic 语言是（   ）。

    A.操作系统   B.机器语言   C.高级语言   D.汇编语言

132.下列选项中,(　　　)是计算机高级语言。

　　A.Windows　　　　　　B.Dos　　　　　　　C.Visual Basic　　　　D.Word

133.(　　　)具备软件的特征。

　　A.软件生产主要是体力劳动　　　　　B.软件产品有生命周期

　　C.软件是一种物资产品　　　　　　　D.软件成本比硬件成本低

134.软件危机是指(　　　)。

　　A.在计算机软件的开发和维护过程中所遇到的一系列严重问题

　　B.软件价格太高

　　C.软件技术超过硬件技术

　　D.软件太多

135.软件工程是指(　　　)的工程学科。

　　A.计算机软件开发　　　　　　　　　B.计算机软件管理

　　C.计算机软件维护　　　　　　　　　D.计算机软件开发和维护

136.目前使用最广泛的软件工程方法分别是(　　　)。

　　A.传统方法和面向对象方法　　　　　B.面向过程方法

　　C.结构化程序设计方法　　　　　　　D.面向对象方法

137.对计算机软件正确的态度是(　　　)。

　　A.计算机软件不需要维护

　　B.计算机软件只要能复制到就不必购买

　　C.计算机软件不必备份

　　D.受法律保护的计算机软件不能随便复制

138.计算机病毒是可以使整个计算机瘫痪,危害极大的(　　　)。

　　A.一种芯片　　　　　B.一段特制程序　　　C.一种生物病毒　　　D.一条命令

139.计算机病毒的传播途径可以是(　　　)。

　　A.空气　　　　　　　B.计算机网络　　　　C.键盘　　　　　　　D.打印机

140.反病毒软件是一种(　　　)。

　　A.操作系统　　　　　　　　　　　　B.语言处理程序

　　C.应用软件　　　　　　　　　　　　D.高级语言的源程序

141.反病毒软件(　　　)。

　　A.只能检测清除已知病毒　　　　　　B.可以让计算机用户永无后顾之忧

　　C.自身不可能感染计算机病毒　　　　D.可以检测清除所有病毒

142.在下列途径中,计算机病毒传播得最快的是(　　　)。

　　A.通过光盘　　　　　B.通过键盘　　　　　C.通过电子邮件　　　D.通过盗版软件

143.一般情况下,计算机病毒会造成(　　　)。

　　A.用户患病　　　　　B.CPU 的破坏　　　　C.硬件故障　　　　　D.程序和数据被破坏

144.若 U 盘上染有病毒,为了防止该病毒传染计算机系统,正确的措施是(　　　)。

　　A.删除该 U 盘上所有程序　　　　　　B.给该 U 盘加上写保护

　　C.将 U 盘放一段时间后再使用　　　　D.将该软盘重新格式化

145.计算机病毒的主要特点是(　　　)。

　　A.传播性、破坏性　　B.传染性、破坏性　　　C.排他性、可读性　　　D.隐蔽性、排他性

146.系统引导型病毒寄生在(　　　)。

　　A.硬盘上　　　　　　B.键盘上　　　　　　　C.CPU 中　　　　　　　D.邮件中

147.目前网络病毒中影响最大的主要有(　　　)。

　　A.特洛伊木马病毒　　B.生物病毒　　　　　　C.文件病毒　　　　　　D.空气病毒

148.目前网络病毒中影响最大的主要有(　　　)。

　　A.特洛伊木马病毒　　　　　　　　　　　B.提高电源稳定性

　　C.文件病毒　　　　　　　　　　　　　　D.下载软件先用杀毒软件进行处理

149.病毒清除是指从(　　　)。

　　A.去医院看医生　　　　　　　　　　　　B.请专业人员清洁设备

　　C.安装监控器监视计算机　　　　　　　　D.从内存、磁盘和文件中清除掉病毒程序

150.选择杀毒软件时要关注(　　　)因素。

　　A.价格　　　　　　　　　　　　　　　　B.软件大小

　　C.包装　　　　　　　　　　　　　　　　D.能够查杀的病毒种类

151.计算机安全包括(　　　)。

　　A.系统资源安全　　　　　　　　　　　　B.信息资源安全

　　C.系统资源安全和信息资源安全　　　　　D.防盗

152.编写和故意传播计算机病毒,会根据国家(　　　)法相应条例,按计算机犯罪进行处罚。

　　A.民　　　　　　　　B.刑　　　　　　　　　C.治安管理　　　　　　D.保护

153.(　　　)不属于计算机信息安全的范畴。

　　A.实体安全　　　　　B.运行安全　　　　　　C.人员安全　　　　　　D.知识产权

154.下列关于计算机病毒描述错误的是(　　　)。

　　A.病毒是一种人为编制的程序

　　B.病毒可能破坏计算机硬件

　　C.病毒相对于杀毒软件永远是超前的

　　D.格式化操作也不能彻底清除软盘中的病毒

155.信息系统的安全目标主要体现为(　　　)。

　　A.信息保护和系统保护　　　　　　　　　B.软件保护

　　C.硬件保护　　　　　　　　　　　　　　D.网络保护

156.信息系统的安全主要考虑(　　　)方面的安全。

　　A.环境　　　　　　　B.软件　　　　　　　　C.硬件　　　　　　　　D.上述所有

157.使计算机病毒传播范围最广的媒介是(　　　)。

　　A.硬磁盘　　　　　　B.软磁盘　　　　　　　C.内部存储器　　　　　D.互联网

158.多数情况下由计算机病毒程序引起的问题属于(　　　)故障。

　　A.硬件　　　　　　　B.软件　　　　　　　　C.操作　　　　　　　　D.上述均不是

159.在 Windows 10 中,显示在窗口最顶部的称为(　　　)。

　　A.标题栏　　　　　　B.信息栏　　　　　　　C.菜单栏　　　　　　　D.工具栏

160.如果在 Windows 的资源管理底部没有状态栏,那么要增加状态栏的操作是(　　)。

A.单击编辑菜单中的状态栏命令　　　　B.单击查看菜单中的状态栏命令

C.单击工具菜单中的状态栏命令　　　　D.单击文件菜单中的状态栏命令

161.Windows 中将信息传送到剪贴板不正确的方法是(　　)。

A.用复制命令把选定的对象送到剪贴板

B.用剪切命令把选定的对象送到剪贴板

C.用 Ctrl＋V 把选定的对象送到剪贴板

D.Alt＋PrintScreen 把当前窗口送到剪贴板

162.在 Windows 的回收站中,可以恢复(　　)。

A.从硬盘中删除的文件或文件夹

B.从软盘中删除的文件或文件夹

C.剪切掉的文档

D.从光盘中删除的文件或文件夹

163.开始菜单中的文档选项中列出了最近使用过的文档清单,其数目最多可达(　　)。

A.4　　　　　　　　B.15　　　　　　　　C.10　　　　　　　　D.12

164.在 Win 10 中,粘贴的组合键(　　)。

A.Ctrl＋V　　　　B.Ctrl＋A　　　　C.Ctrl＋X　　　　D.Ctrl＋C

165.在 Win 10 资源管理器操作中,当打开一个子目录后,全部选中其中内容的组合键为(　　)。

A.Ctrl＋C　　　　B.Ctrl＋A　　　　C.Ctrl＋X　　　　D.Ctrl＋V

166.在 Win 10 中,按下(　　)键并拖曳某一文件夹到一文件夹中,可完成对该程序项的复制操作。

A.Alt　　　　　　B.Shfit　　　　　　C.空格　　　　　　D.Ctrl

167.在 Win 10 中,按住鼠标器左键同时移动鼠标器的操作称为(　　)。

A.单击　　　　　　B.双击　　　　　　C.拖曳　　　　　　D.启动

168.在 Win 10 中,(　　)窗口的大小不可改变。

A.应用程序　　　　B.文档　　　　　　C.对话框　　　　　D.活动

169.在 Win 10 中,连续两次快速按下鼠标器左键的操作称为(　　)。

A.单击　　　　　　B.双击　　　　　　C.拖曳　　　　　　D.启动

170.Win 10 提供了一种 DOS 下所没有的(　　)技术,以方便进行应用程序间信息的复制或移动等信息交换。

A.编辑　　　　　　B.拷贝　　　　　　C.剪贴板　　　　　D.磁盘操作

171.在 Win 10 中,利用鼠标器拖曳(　　)的操作,可缩放窗口大小。

A.控制框　　　　　B.对话框　　　　　C.滚动框　　　　　D.边框

172.Win 10 是一种(　　)。

A.操作系统　　　　B.字处理系统　　　　C.电子表格系统　　　　D.应用软件

173.在 Win 10 中,从 Windows 窗口方式切换到 MS－DOS 方式以后,再返回到 Windows 窗口方式下,应该键入(　　)命令后按回车键。

A.Esc　　　　　　B.Exit　　　　　　C.Cls　　　　　　D.Windows

174.在 Win 10 中,将某一程序项移动到一打开的文件夹中,应(   )。

    A.单击鼠标左键   B.双击鼠标左键

    C.拖曳   D.单击或双击鼠标右键

175.在 Win 10 中,不能通过使用(   )的缩放方法将窗口放到最大。

    A.控制按钮   B.标题栏   C.最大化按钮   D.边框

176.在 Win 10 中,快速按下并释放鼠标器左键的操作称为(   )。

    A.单击   B.双击   C.拖曳   D.启动

177.在 Win 10 中,(   )颜色的变化可区分活动窗口和非活动窗口。

    A.标题栏   B.信息栏   C.菜单栏   D.工具栏

178.在 Win 10 中,(   )部分颜色用来显示应用程序名、文档名、目录名、组名或其他数据文件名。

    A.标题栏   B.信息栏   C.菜单栏   D.工具栏

179.关闭资源管理器,可以选用(   )。

    A.单击资源管理器窗口右上角的×按钮

    B.单击资源管理器窗口左上角的图标,然后选择关闭

    C.单击资源管理器的文件菜单,并选择关闭

    D.以上三种方法都正确

180.把 Windows 的窗口和对话框做一比较,窗口可以移动和改变大小,而对话框(   )。

    A.既不能移动,也不能改变大小   B.仅可以移动,不能改变大小

    C.仅可以改变大小,不能移动   D.既可移动,也能改变大小

181.在 Win 10 中,允许同时打开(   )应用程序窗口。

    A.一个   B.两个   C.多个   D.十个

182.在 Win 10 中,利用 Windows 下的(   )建立、编辑文档。

    A.剪贴板   B.记事本   C.资源管理器   D.控制面板

183.在 Win 10 中,将中文输入方式切换到英文方式,应同时按(   )键。

    A.Alt＋空格   B.Ctrl＋空格

    C.Shift＋空格   D.Enter＋空格

184.在 Windows 中,回收站是(   )。

    A.内存中的一块区域   B.硬盘上的一块区域

    C.软盘上的一块区域   D.高速缓存中的一块区域

185.Windows 任务栏上的内容为(   )。

    A.当前窗口的图标   B.已经启动并在执行的程序名

    C.所有运行程序的程序按钮   D.已经打开的文件名

186.在 Win 10 中,快捷方式的扩展名为(   )。

    A.sys   B.bmp   C.lnk   D.ini

187.当单击 Win 10 的任务栏的开始按钮时,开始菜单会显示出来,下面选项中通常会出现的是(   )。

    A.程序、收藏夹、启动、设置、查找、帮助、注销、关闭系统

    B.程序、收藏夹、文档、设置、查找、帮助、注销、资源管理器、关闭系统

C.程序、收藏夹、文档、设置、查找、帮助、运行、关闭系统

D.程序、收藏夹、文档、设置、查找、帮助、注销、关闭计算机

188.关于开始菜单,说法正确的是(　　)。

A.开始菜单的内容是固定不变的

B.可以在开始菜单的程序中添加应用程序,但不可以在程序菜单中添加

C.开始菜单和程序里面都可以添加应用程序

D.以上说法都不正确

189.在 Windows 中,当程序因某种原因而陷入死循环时,(　　)能较好地结束该程序。

A.按 Ctrl＋Alt＋Del 键,然后选择结束任务结束该程序的运行

B.按 Ctrl＋Del 键,然后选择结束任务结束该程序的运行

C.按 Alt＋Del 键,然后选择结束任务结束该程序的运行

D.直接 Reset 计算机结束该程序的运行

190.当系统硬件发生故障或更换硬件设备时,为避免系统意外崩溃,应采用的启动方式为(　　)。

A.通常模式　　　　　B.登录模式　　　　　C.安全模式　　　　　D.命令提示模式

191.在 Excel 2016 中图表中约大多数图表项(　　)。

A.固定不动　　　　　　　　　　　B.不能被移动或调整大小

C.可被移动或调整大小　　　　　　D.可被移动,但不能调整大小

192.在 Excel 2016 删除工作表中对图表有链接的数据时,图表中将(　　)。

A.自动删除相应数据点　　　　　　B.必须用编辑删除相应的数据点

C.不会发生变化　　　　　　　　　D.被复制

193.在 Excel 2016 中数据标示被分组成数据系列,然后每个数据系列由(　　)颜色或图案(或两者)来区分。

A.任意　　　　　　B.两个　　　　　　C.三个　　　　　　D.唯一的

194.在工作表中选定生成图表用的数据区域后,不能用(　　)插入图表。

A.单击工具栏的图表向导工具按钮

B.选择快捷菜单的插入命令

C.选择插入菜单的图表命令

D.按 F11 功能键

195.利用 Excel 2016,不能用(　　)的方法建立图表。

A.在工作表中插入或嵌入图表　　　　　B.添加图表工作表

C.从非相邻选定区域建立图表　　　　　D.建立数据库

196.在工作表中插入图表最主要的作用是(　　)。

A.更精确地表示数据　　　　　　　　　B.使工作表显得更美观

C.更直观地表示数据　　　　　　　　　D.减少文件占用的磁盘空间

197.PowerPoint 2016 是用于制作(　　)的工具软件。

A.文档文件　　　　B.演示文稿　　　　C.模板　　　　D.动画

198.由 PowerPoint 2016 创建的文档称为(　　)。

A.演示文稿　　　　B.幻灯片　　　　　C.讲义　　　　D.多媒体课件

199.PowerPoint 2016 演示文稿文件的扩展名是(　　　)。

　　A..pptx　　　　　　B..pot x　　　　　　C..xlsx　　　　　　D..htmx

200.演示文稿文件中的每一张演示单页称为(　　　)。

　　A.旁白　　　　　　B.讲义　　　　　　C.幻灯片　　　　　　D.备注

201.PowerPoint 2016 中能对幻灯片进行移动、删除、复制和设置动画效果,但不能对幻灯片进行编辑的视图是(　　　)。

　　A.幻灯片视图　　　B.普通视图　　　　C.幻灯片放映视图　　D.幻灯片浏览视图

202.(　　　)是事先定义好格式的一批演示文稿方案。

　　A.模板　　　　　　B.母版　　　　　　C.版式　　　　　　　D.幻灯片

203.选择 PowerPoint 2016 中(　　　)的背景命令可改变幻灯片的背景。

　　A.格式　　　　　　B.幻灯片放映　　　C.工具　　　　　　　D.视图

204.PowerPoint 2016 模板文件以(　　　)扩展名进行保存。

　　A..ppt　　　　　　B..pot　　　　　　C..dot　　　　　　　D..xlt

205.PowerPoint 2016 的大纲窗格中,不可以(　　　)。

　　A.插入幻灯片　　　B.删除幻灯片　　　C.移动幻灯片　　　　D.添加文本框

206.Win 10 的桌面指的是(　　　)。

　　A.某个窗口　　　　B.整个屏幕　　　　C.某一个应用程序　　D.一个活动窗口

207.在 Win 10 中在键盘属性对话框的速度选项卡中可以进行的设置为(　　　)。

　　A.重复延迟、重复率、光标闪烁频率

　　B.重复延迟、重复率、光标闪烁频率、击键频率

　　C.重复的延迟时间、重复速度、光标闪烁速度

　　D.延迟时间、重复率、光标闪烁频率

208.在 Win 10 中,对于任务栏的描述不正确的是(　　　)。

　　A.Win10 允许添加工具栏到任务栏

　　B.利用任务栏属性对话框的任务栏选项选项卡提供的"总在最前"可以选择是否允许其他窗口覆盖任务栏

　　C.当任务栏是自动隐藏的属性时,正在运行其他程序时,任务栏不能显示

　　D.任务栏的大小是可以改变的

209.在 Win 10 中,下列说法正确的是(　　　)。

　　A.单击开始按钮,显示开始菜单,删除收藏夹选项

　　B.通过开始|设置|任务栏和高级菜单|开始程序中的清除,可以清除开始|文档中的内容

　　C.只能通过任务栏属性对话框修改开始菜单程序

　　D.开始|文档中的内容是最近使用的若干个文件,因此文档内的内容,计算机自动更新,不能被清空

210.在 Win 10 中关于开始菜单,下面说法正确的是(　　　)。

　　A.开始菜单中的所有内容都是计算机自己设定的,用户不能修改其中的内容

　　B.开始菜单中的所有选项都可以移动和重新组织

　　C.开始菜单绝大部分是可以定制的,但出现在菜单第一级的大多数选项不能被移动和重新

组织，如关闭、注销等

D.给开始|程序菜单添加以及组织菜单项都只能从文件夹窗口拖入文件

211.在 Win 10 资源管理器中，按（　　）键可删除文件。

　　A.F7　　　　　　　　B.F8　　　　　　　　C.Esc　　　　　　　　D.Delete

212.在 Win 10 资源管理器中，改变文件属性应选择文件菜单项中的（　　）命令。

　　A.运行　　　　　　　B.搜索　　　　　　　C.属性　　　　　　　D.选定文件

213.在 Win 10 资源管理器中，单击第一个文件名后，按住（　　）键，再单击最后一个文件，可选定一组连续的文件。

　　A.Ctrl　　　　　　　B.Alt　　　　　　　　C.Shift　　　　　　　D.Tab

214.在 Win 10 资源管理器中，编辑菜单中的剪切命令（　　）。

　　A.只能剪切文件夹　　　　　　　　　　B.只能剪切文件

　　C.可以剪切文件或文件夹　　　　　　　D.无论怎样都不能剪切系统文件

215.在 Win 10 资源管理器中，创建新的子目录，应选择（　　）菜单项中的新建下的文件夹命令。

　　A.文件　　　　　　　B.编辑　　　　　　　C.工具　　　　　　　D.查看

216.在 Win 10 中，单击资源管理器中的（　　）菜单项，可显示提供给用户使用的各种帮助命令。

　　A.文件　　　　　　　B.选项　　　　　　　C.窗口　　　　　　　D.帮助

217.在 Win 10 资源管理器中，当删除一个或一组目录时，该目录或该目录组下的（　　）将被删除。

　　A.文件　　　　　　　　　　　　　　　B.所有子目录

　　C.所有子目录及其所有文件　　　　　　D.所有子目录下的所有文件（不含子目录）

218.在 Win 10 中，选定某一文件夹，选择执行文件菜单项的删除命令，则（　　）。

　　A.只删除文件夹而不删除其内的程序项　　　B.删除文件夹内的某一程序项

　　C.删除文件夹内的所有程序项而不删除文件夹　　D.删除文件夹及其所有程序项

219.在 Win 10 资源管理器中，若想格式化一张磁盘，应选（　　）命令。

　　A.在文件菜单项中，选择格式化命令

　　B.在资源管理器中根本就没有办法格式化磁盘

　　C.右键单击磁盘图标，在弹出的快捷菜单中选择格式化命令

　　D.在编辑菜单项中选择格式化磁盘命令

220.在 Win 10 中在使用资源管理器时，激活工具栏的步骤是（　　）。

　　A.资源管理器→查看→工具栏　　　　　B.资源管理器→工具→工具栏

　　C.资源管理器→编辑→工具栏　　　　　D.资源管理器→文件→工具栏

221.在 Win 10 资源管理器中，单击第一个文件名后，按住（　　）键，再单击另外一个文件，可选定一组不连续的文件。

　　A.Ctrl　　　　　　　B.Alt　　　　　　　　C.Shift　　　　　　　D.Tab

222.在 Win 10 资源管理器窗口中，（　　）显示当前目录窗口被选磁盘的可用空间和总容量、信息、当前被选目录中的文件总数和所占用的空间等信息。

　　A.标题栏　　　　　　B.菜单栏　　　　　　C.状态栏　　　　　　D.工具栏

223.在 Win 10 资源管理器中,选择执行文件菜单项中的(   )命令,可删除文件夹或程序项。

   A.新建   B.复制   C.移动   D.删除

224.在 Win 10 资源管理器中,选定文件或目录后,拖曳到指定位置,可完成对文件或子目录的(   )操作。

   A.复制   B.移动或复制   C.重命名   D.删除

225.在 Win 10 中,切换不同的汉字输入法,应同时按下(   )键。

   A.Ctrl+Shift   B.Ctrl+Alt

   C.Ctrl+空格   D.Ctrl+Tab

226.在 Win10 中下面关于打印机说法错误的是(   )。

   A.每一台安装在系统中的打印机都在 Win 10 的打印机文件夹中有一个记录

   B.任何一台计算机都只能安装一台打印机

   C.一台计算机上可以安装多台打印机

   D.要查看已经安装的打印机,可以通过选择开始|设置打印机,打开打印机文件夹

227.在 Win 10 中安装一台打印机,不正确的是(   )。

   A.打开我的电脑|打印机选项的打印机文件夹,双击添加打印记图标,添加网络或本地打印机

   B.通过开始|设置|打印机打开打印机文件夹,双击添加打印机图标,添加打印机

   C.在安装打印机的过程中,最好不要厂商带打印驱动程序,因为所有的打印机驱动 Win 10 系统自带

   D.一台计算机可以安装网络打印机和本地打印机

228.在 Win 10 中,下面说法正确的是(   )。

   A.每台计算机可以有多个默认打印机

   B.如果一台计算机安装了两台打印机,这两台打印机都可以不是默认打印机

   C.每台计算机如果已经安装了打印机,则必有一个也仅仅有一个默认打印机

   D.默认打印机是系统自动产生的,用户不用更改

229.在 Win 10 中,MIDI 是(   )。

   A.一种特殊的音频数据类型

   B.以特定格式存储图象的文件类型

   C.控制 Win 10 播放 VCD 的驱动程序

   D.一种特定类型的窗口

230.打印机是一种(   )。

   A.输出设备   B.输入设备   C.存储器   D.运算器

231.第二代计算机采用(   )作为其基本逻辑部件。

   A.磁芯   B.微芯片   C.半导体存储器   D.晶体管

232.第三代计算机采用(   )作为主存储器。

   A.磁芯   B.微芯片   C.半导体存储器   D.晶体管

233.64 位计算机中的 64 位指的是(   )。

   A.机器字长   B.CPU 速度   C.计算机品牌   D.存储容量

234.计算机显示器的性能参数中,1024×768表示( )。

    A.显示器大小   B.显示字符的行列数

    C.显示器的分辨率   D.显示器的颜色最大值

235.下列叙述中,错误的是( )。

    A.把数据从内存传输到硬盘称为写盘

    B.把源程序转换为目标程序的过程称为编译

    C.应用软件需要操作系统的支持才能工作

    D.计算机内部使用十六进制数表示数据和指令

236.计算机的众多特点中,其最主要的特点是( )。

    A.计算速度快   B.存储程序与自动控制

    C.应用广泛   D.计算精度高

237.一台完整的计算机系统由( )组成。

    A.系统软件和应用软件   B.计算机硬件系统和软件系统

    C.主机、键盘、显示器   D.主机及其外部设备

238.计算机主机一般包括( )。

    A.运算器和控制器   B.CPU和内存

    C.运算器和内存   D.CPU和只读存储器

239.一般情况下,裸机是指( )。

    A.单板机   B.没有使用过的计算机

    C.没有安装任何软件的计算机   D.只安装操作系统的计算机

240.计算机硬件包括运算器、控制器、( )、输入设备和输出设备。

    A.存储器   B.显示器   C.驱动器   D.硬盘

241.微型计算机硬件系统中最核心的部件是( )。

    A.主板   B.CPU   C.内存储器   D.I/O设备

242.微型计算机的运算器、控制器集成在一块芯片上,总称是( )。

    A.主机   B.CPU   C.ALU   D.MODEM

243.I/O设备的含义是( )。

    A.输入/输出设备   B.通信设备   C.网络设备   D.控制设备

244.下列设备可以将照片输入到计算机上的是( )。

    A.键盘   B.数字化仪   C.绘图仪   D.扫描仪

245.下列设备中既属于输入设备又属于输出设备的是( )。

    A.鼠标   B.显示器   C.硬盘   D.扫描仪

246.根据传输的信号不同系统总线分为( )。

    A.地址总线   B.数据总线   C.控制总线   D.以上三者

247.计算机辅助设计的英文缩写是( )。

    A.CAD   B.CAM   C.CAE   D.CAI

248.计算机启动时所要执行的基本指令信息存放在( )中。

    A.CPU   B.内存   C.BIOS   D.硬盘

249.CPU 直接访问的存储器是(　　)。

    A.软盘   B.硬盘

    C.只读存储器   D.随机存取存储器

250.通常所说的内存条指的是(　　)条。

    A.ROM   B.EPROM   C.RAM   D.Flash Memory

251.下列存储器中存取周期最短的是(　　)。

    A.硬盘   B.内存储器   C.光盘   D.软盘

252.计算机中,用来表示存储容量大小的最基本单位是(　　)。

    A.位   B.字节   C.千字节   D.兆字节

253.配置高速缓冲存储器(Cache)是为了解决(　　)。

    A.内存和外存之间速度不匹配的问题

    B.CPU 和外存之间速度不匹配的问题

    C.CPU 和内存之间速度不匹配的问题

    D.主机和其他外围设备之间速度不匹配的问题

254.在计算机中,一个字节是由(　　)位二进制码表示的。

    A.4   B.2   C.8   D.16

255.1 GB 等于(　　)。

    A.1 024 B   B.1 024 KB   C.1 024 MB   D.1 024 bit

256.计算机键盘上的 Shift 键称为(　　)。

    A.控制键   B.上档键   C.退格键   D.换行键

257.计算机键盘上的 Esc 键的功能一般是(　　)。

    A.确认   B.取消   C.控制   D.删除

258.键盘上的(　　)键是控制键盘输入大小写切换的。

    A.Shift   B.Ctrl   C.NumLock   D.Caps Lock

259.(　　)键用于删除光标后面的字符。

    A.Delete   B.→   C.Insert   D.BackSpace

260.(　　)键用于删除光标前面的字符。

    A.Delete   B.→   C.Insert   D.BackSpace

261.用于插入/改写编辑方式切换的键是(　　)。

    A.Ctrl   B.Shift   C.Alt   D.Insert

262.(　　)是计算机高级语言。

    A.Windows   B.Dos   C.Visual Basic   D.Word

263.直接运行在裸机上的最基本的系统软件是(　　)。

    A.Word   B.Flash   C.操作系统   D.驱动程序

264.计算机按其性能可以分为 5 大类,即巨型机、大型机、小型机、微型机和(　　)。

    A.工作站   B.超小型机   C.网络机   D.以上都不是

265.把高级语言编写的源程序转换为目标程序要经过(　　)。

    A.编辑   B.编译   C.解释   D.汇编

266.计算机可以直接执行的程序是（　　　）。

    A.高级语言程序　　　　　　　　　　　　B.汇编语言程序

    C.机器语言程序　　　　　　　　　　　　D.低级语言程序

267.用户用计算机高级语言编写的程序，通常称为（　　　）。

    A.汇编程序　　　　B.目标程序　　　　C.源程序　　　　D.二进制代码程序

268.CPU、存储器、I/O 设备是通过（　　　）连接起来的。

    A.接口　　　　B.总线　　　　C.控制线　　　　D.系统文件

269.关于计算机语言的描述，正确的是（　　　）。

    A.高级语言程序可以直接运行　　　　　　B.汇编语言比机器语言执行速度快

    C.机器语言的语句全部由 0 和 1 组成　　　D.计算机语言越高级越难以阅读和修改

270.一般情况下调整显示器的（　　　），可减少显示器屏幕图像的闪烁或抖动。

    A.显示分辨率　　　B.屏幕尺寸　　　C.灰度和颜色　　　D.刷新频率

271.常用打印机中，印字质量最好的打印机是（　　　）。

    A.激光打印机　　　B.针式打印机　　　C.喷墨打印机　　　D.热敏打印机

272.计算机执行程序时，在（　　　）控制下，逐条从内存中取出指令、分析指令、执行指令。

    A.运算器　　　B.控制器　　　C.存储器　　　D.I/O 设备

273.内存空间是由许多存储单元构成的，每个存储单元都有一个唯一的编号，这个编号称为（　　　）。

    A.内存地址　　　B.内存空间　　　C.内存单元　　　D.内存编号

274.USB 是 Universal Serial Bus 的英文缩写，中文名称为通用串行总线。一个 USB 接口可以支持（　　　）设备。

    A.一种　　　　B.两种　　　　C.多种　　　　D.以上三者

275.硬盘工作时应特别注意避免（　　　）。

    A.噪声　　　　B.日光　　　　C.潮湿　　　　D.震动

276.把十进制数 127 转换为二进制数是（　　　）。

    A.10000000　　　B.01111111　　　C.11111111　　　D.11111110

277.将二进制数 01000111 转换为十进制数是（　　　）。

    A.57　　　　B.69　　　　C.71　　　　D.67

278.存储一个国标码需要（　　　）字节。

    A.1　　　　B.2　　　　C.3　　　　D.4

279.在 ASCII 码表中，按照 ASCII 码值从小到大排列顺序是（　　　）。

    A.数字、英文大写字母、英文小写字母

    B.数字、英文小写字母、英文大写字母

    C.英文大写字母、英文小写字母、数字

    D.英文小写字母、英文大写字母、数字

280.MIPS 是表示计算机（　　　）性能的单位。

    A.字长　　　B.主频　　　C.运算速度　　　D.存储容量

281.Word 2016 可以打开的文件类型为（　　　）。

    A.EXE　　　B.COM　　　C.TXT　　　D.BIN

282.在 Word 2016 窗口的编辑区,闪烁的一条竖线表示( )。

A.鼠标图标　　　　B.光标位置　　　　C.拼写错误　　　　D.按纽位置

283.在 Word 2016 中将光标移到本行行首的组合键是( )。

A.PageUp　　　　B.Ctrl＋Home　　　　C.Home　　　　D.End

284.在 Word 2016 菜单命令右边有…符号,表示( )。

A.该命令不能执行　　　　　　　　B.单击该命令后,会弹出一个对话框

C.该命令已执行　　　　　　　　　D.该命令后有级联菜单

285.在 Word 2016 中,如果要选取某一个自然段落,可将鼠标指针移到该段落区域内( )。

A.单击　　　　B.双击　　　　C.三击鼠标左键　　　　D.右击

286.在 Word 2016 操作时,需要删除一个字,当光标在该字的前面,应按( )。

A.删除键　　　　B.空格键　　　　C.退格键　　　　D.回车键

287.在 Word 2016 操作过程中,能够显示总页数、节号、页号、页数等信息的是( )。

A.状态栏　　　　B.菜单栏　　　　C.常用工具栏　　　　D.格式工具栏

288.在 Word 2016 中,( )内容在普通视图下可看到。

A.文字　　　　B.页脚　　　　C.自选图形　　　　D.页眉

289.在 Word 2016 中,下列关于文档窗口的说法中正确的是( )。

A.只能打开一个文档窗口

B.可以同时打开多个文档窗口,被打开的窗口都是活动窗口

C.可以同时打开多个文档窗口,但其中只有一个是活动窗口

D.可以同时打开多个文档窗口,但在屏幕上只能见到一个文档的窗口

290.在 Word 2016 中默认的图文环绕方式是( )。

A.四周型　　　　B.环绕　　　　C.上下型环绕　　　　D.紧密形环绕

291.在 Word 2016 中,页码格式在( )对话框中设置。

A.页面设置　　　　B.页眉和页脚　　　　C.页码格式　　　　D.段落格式

292.在 Word 2016 的编辑状态,要想为当前文档中的文字设定上标、下标效果,应当使用格式菜单中的( )。

A.字体命令　　　　B.段落命令　　　　C.分栏命令　　　　D.样式命令

293.在 Word 2016 中,文件下拉菜单底部所显示的文件名是( )。

A.正在使用的文件名　　　　　　　B.正打印的文件名

C.扩展名为.doc　　　　　　　　　D.最近被 Word 处理过的文件名

294.Word 2016 具有分栏的功能,下列关于分栏的说法中正确的是( )。

A.最多可以设 4 栏　　　　　　　　B.各栏的栏宽必须相等

C.各栏的宽度可以不同　　　　　　D.各栏之间的间距是固定的

295.在 Word 2016 的绘图工具栏上选定矩形工具,按住( )按钮可绘制正方形。

A.Ctrl　　　　B.Alt　　　　C.Shift　　　　D.Enter

296.在 Word 2016 环境下,不可以在同一行中设定为( )。

A.单倍行距　　　　　　　　　　　B.双倍行距

C.1.5 倍行距　　　　　　　　　　D.单、双混合行距

297.在 Word 2016 中对某些已正确存盘的文件,在打开文件的列表框中却不显示,原因可能是（　　）。

    A.文件被隐藏 　　　　　　　　　　B.文件类型选择不对

    C.文件夹的位置不对 　　　　　　　　D.以上三种情况均正确

298.在 Word 2016 中可以像在资源管理器中那样复制和移动文件,只要打开打开对话框,选定要复制和移动的文件后,使用（　　）即可。

    A.工具栏上的复制、剪切和粘贴按钮进行操作

    B.菜单条上的复制、剪切和粘贴命令进行操作

    C.快捷菜单中的复制、剪切和粘贴命令进行操作

    D.以上三种操作都不行

299.以下有关 Word 2016 页面显示的说法不正确的有（　　）。

    A.在打印预览状态仍然能进行插入表格等编辑工作

    B.在打印预览状态可以查看标尺

    C.多页显示只能在打印预览状态中实现

    D.在页面视图中可以拖动标尺改变边距

300.有关 Word 2016 首字下沉命令正确的说法是（　　）

    A.只能悬挂下沉 　　　　　　　　　　B.可以下沉三行字的位置

    C.只能下沉三行 　　　　　　　　　　D.以上都正确

301.在 Word 2016 编辑状态下,打开了 MyDoC.DOC 文档。若要把编辑后的文档以文件名 Wl.htm存盘,可以执行文件菜单中的（　　）命令。

    A.保存 　　　　　　　　　　　　　　B.另存为

    C.全部保存 　　　　　　　　　　　　D.另存为 HTML

302.在 Word 2016 中进行段落设置,如果设置右缩进 1 厘米,则其含义是（　　）。

    A.对应段落的首行右缩进 1 厘米

    B.对应段落除首外,其余行都右缩进 1 厘米

    C.对应段落的所有行在右页边距 1 厘米处对齐

    D.对应段落的所有行都右缩进 1 厘米

303.在 Word 2016 的编辑状态,文档窗口显示出水平标尺,拖动水平标尺上沿的首行缩进滑块,则（　　）。

    A.文档中各段落的首行起始位置都重新确定

    B.文档中被选择的各段落首行起始位置都重新确定

    C.文档中各行的起始位置都重新确定

    D.插入点所在行的起始位置被重新确定

304.Word 2016 中的制表位是用于（　　）。

    A.制作表格 　　　　　　　　　　　　B.光标定位

    C.设定左缩进 　　　　　　　　　　　D.设定右缩进

305.如果想在 Word 2016 的窗口中显示常用工具栏,应当使用的菜单是（　　）。

    A.视图菜单 　　　　B.工具菜单 　　　　C.格式菜单 　　　　D.窗口菜单

306.Word 2016 使用模板创建文档的过程是选择(　　),然后选择模板名。

A.文件—打开　　　　　　　　　　　　　B.工具—选项

C.格式—样式　　　　　　　　　　　　　D.文件—新建

307.新建一个 Word2016 文档,默认的段落样式为(　　)。

A.正文　　　　　　B.普通　　　　　　C.目录　　　　　　D.标题

308.Word 2016 插入点是指(　　)。

A.当前光标的位置　　　　　　　　　　　B.出现在页面的左上角

C.文字等对象的插入位置　　　　　　　　D.在编辑区中的任意一个点

309.当用户输入错误的或系统不能识别的文字时,Word 2016 会在文字下面以(　　)标注。

A.红色直线　　　　B.红色波浪线　　　　C.绿色直线　　　　D.绿色波浪线

310.当用户输入的文字可能出现(　　)时,Word 2016 会用绿色波浪线在文字下面标注。

A.错误文字　　　　B.不可识别的文字　　C.语法错误　　　　D.中英文互混

311.在 Word 2016 中进行文字校对时正确的操作是(　　)。

A.单击工具—选项　　　　　　　　　　　B.单击格式—字体

C.单击格式—样式　　　　　　　　　　　D.单击工具—拼写和语法

312.如果同时保存所有打开的文档,可以按下(　　)键,然后单击文件菜单上的全部保存命令,
Word 2016 将同时保存所有打开的文档和模板。

A.Ctrl　　　　　　B.Alt　　　　　　　C.Shift　　　　　　D.Del

313.在 Word 2016 中不能关闭文档的操作是(　　)。

A.单击文件—关闭　　　　　　　　　　　B.单击窗口的关闭按钮

C.单击文件—另存为　　　　　　　　　　D.单击文件—退出

314.Word 2016 窗口菜单底部显示的文件名所对应的文件是(　　)。

A.曾经被操作过的文件　　　　　　　　　B.当前打开的所有文件

C.最近被操作过的文件　　　　　　　　　D.扩展名为.doc 的所有文件

315.在 Word 2016 的编辑状态下,可以同时显示水平标尺和垂直标尺的视图模式是(　　)。

A.普通视图　　　　　　　　　　　　　　B.页面视图

C.大纲视图　　　　　　　　　　　　　　D.全屏显示模式

316.在 Word 2016 中选择(　　)菜单命令,可将当前视图切换成文档结构图浏览方式。

A.视图—页眉和页脚　　　　　　　　　　B.视图—页面

C.视图—文档结构图　　　　　　　　　　D.视图—显示比例

317.在 Word 2016 中选择(　　)菜单命令,可将视图模式切换成 Web 版式视图。

A.文件—页面设置　　　　　　　　　　　B.文件—版本

C.文件—另存为 Web 页　　　　　　　　D.文件—Web 页预览

318.在 Word 2016 中更改文字方向菜单命令的作用范围是(　　)。

A.光标所在处　　　　　　　　　　　　　B.整篇文档

C.所选文字　　　　　　　　　　　　　　D.整段文章

319.在 Word 2016 中,下列选项不能移动光标的是(　　)。

A.Ctrl＋Home　　　B.↑　　　　　　C.Ctrl＋A　　　　　D.PageUp

320.在 Word 2016 中按（　　）键可将光标快速移至文档的开端。

A.Ctrl＋Home 　　B.Ctrl＋End 　　　C.Ctrl＋Shift＋End 　　D.Ctrl＋Shift＋Home

321.在 Word 2016 中，当用户需要选定任意数量的文本时，可以按下鼠标从所要选择的文本上拖过；另一种方法是在所要选择文本的起始处单击鼠标，然后按下（　　）键，在所要选择文本的结尾处再次单击。

A.Shift 　　　　B.Ctrl 　　　　C.Alt 　　　　D.Tab

322.在 Word 2016 中，当用户在输入文字时，在（　　）模式下，随着输入新的文字，后面原有的文字将会被覆盖。

A.插入 　　　　B.改写 　　　　C.自动更正 　　　　D.断字

323.在 Word 2016 中，下列操作不能实现复制的是（　　）。

A.先选定文本，按 Ctrl＋C 键后，再到插入点按 Ctrl＋V 键

B.选定文本，单击编辑—复制后，将光标移动到插入点，单击工具栏上的粘贴按钮

C.选定文本，按住 Ctrl 键，同时按住鼠标左键，将光标移到插入点

D.选定文本，按住鼠标左键，移到插入点

324.在 Word 2016 中，按住（　　）键的同时拖动选定的内容到新位置可以快速完成复制操作。

A.Ctrl 　　　　B.Alt 　　　　C.Shift 　　　　D.Del

325.不属于 Word 7 段落对话框中所提供的功能的是（　　）。

A.缩进用于设置段落缩进 　　　　B.间距用于设置每一句的距离

C.特殊格式用于设置段落特殊缩进格式 　　　　D.行距用于设置本段落内的行间距

326.在 Word 2016 中设置字符的字体、字形、字号及字符颜色、效果等，应该选择格式菜单中的（　　）进行设置。

A.段落 　　　　B.字体 　　　　C.字符间距 　　　　D.文字效果

327.Word 2016 文字的阴影、空心、阳文、阴文格式中，（　　）和（　　）可以双选，（　　）和（　　）只可单选。

A.阴影，空心；阳文，阴文 　　　　B.阴影，阳文；空心，阴文

C.空心，阳文；阴影，阴文 　　　　D.以上都不对

328.在 Word 2016 中不能实现选中整篇文档的操作是（　　）。

A.Ctrl＋A 　　　　B.编辑—全选菜单命令

C.Alt＋A 　　　　D.在选择区三击鼠标左键

329.关于 Word 2016 文字的动态效果，下列说法正确的是（　　）。

A.动态效果只能在屏幕上显示，其文字可以打印出来，但动态效果无法打印，而且每次只能应用一种动态效果

B.动态效果只能在屏幕上显示，其文字可以打印出来，但动态效果无法打印，而且每次可以应用多种动态效果

C.动态效果只能在屏幕上显示，其文字和动态效果可以打印出来，但每次只能应用一种动态效果

D.动态效果只能在屏幕上显示，其文字和动态效果可以打印出来，而且每次可以应用多种动态效果

330.Excel 2016 属于(　　)中的一部分。

A.Win10　　　　　　　　　　　　B.Microsoft Office 2016

C.UCDOS　　　　　　　　　　　　D.FrontPage 7

331.Excel 2016 广泛应用于(　　)。

A.统计分析、财务管理分析、股票分析和经济、行政管理等各个方面

B.工业设计、机械制造、建筑工程

C.美术设计、装磺、图片制作等各个方面

D.多媒体制作

332.Excel 2016 的三个主要功能是(　　)、图表、数据库

A.电子表格　　　　　　　　　　　B.文字输入

C.公式计算　　　　　　　　　　　D.公式输入

333.关于 Excel 2016,在下面的选项中,错误的说法是(　　)。

A.Excel 是表格处理软件

B.Excel 不具有数据库管理能力

C.Excel 具有报表编辑、分析数据、图表处理、连接及合并等能力

D.在 Excel 中可以利用宏功能简化操作

334.关于启动 Excel 2016,下面说法错误的是(　　)。

A.单击 Office 2016 快捷工具栏上的 Excel 图标

B.通过 Windows 的开始—程序选择 Excel 2016 选项启动

C.通过开始中的运行,运行相应的程序启动 Excel 2016

D.上面三项都不能启动 Excel 2016

335.退出 Excel 2016 软件的方法正确的是(　　)。

A.单击 Excel 控制菜单图标

B.单击主菜单文件—退出

C.使用最小化按钮

D.单击主菜单文件—关闭文件

336.Excel 2016 应用程序窗口最下面一行称为状态栏,当输入数据时,状态栏显示(　　)。

A.就绪　　　　　B.输入　　　　　C.编辑　　　　　D.等待

337.一个 Excel 2016 文档对应一个(　　)。

A.工作簿　　　　B.工作表　　　　C.单元格　　　　D.一行

338.Excel 2016 环境中,用来储存并处理工作表数据的文件,称为(　　)。

A.单元格　　　　B.工作区　　　　C.工作簿　　　　D.工作表

339.Excel 2016 工作簿文件的默认扩展名是(　　)。

A.DOT　　　　　B.DOC　　　　　C.EXL　　　　　D.XLS

340.Excel 将工作簿的工作表的名称放在(　　)。

A.标题栏　　　　B.标签行　　　　C.工具栏　　　　D.信息行

341.首次进入 Excel 2016 打开的第一个工作簿的名称默认为(　　)。

A.文档1　　　　　B.Bookl　　　　C.Sheetl　　　　D.未命名

342.以下关于 Excel 2016 的叙述中,(　　　)是正确的。

　　A.Excel 将工作簿的每一张工作表分别作为一个文件来保存

　　B.Excel 允许同时打开多个工作簿文件进行处理

　　C.Excel 的图表必须与生成该图表的有关数据处于同一张工作表上

　　D.Excel 工作表的名称由文件决定

343.在 Excel 2016 中直接处理的对象称为工作表,若干工作表的集合称为(　　　)。

　　A.工作簿　　　　　　B.文件　　　　　　C.字段　　　　　　D.活动工作簿

344.Excel 2016 的一个工作簿文件中最多可以包含(　　　)个工作表。

　　A.31　　　　　　B.63　　　　　　C.127　　　　　　D.255

345.关于工作表名称的描述,正确的是(　　　)。

　　A.工作表名不能与工作簿名相同

　　B.同一工作簿中不能有相同名字的工作表

　　C.工作表名不能使用汉字

　　D.工作表名称的默认扩展名是 xls

346.在 Excel 2016 中要选定一张工作表,操作是(　　　)

　　A.选窗口菜单中该工作簿名称　　　　　　B.用鼠标单击该工作表标签

　　C.在名称框中输入该工作表的名称　　　　　　D.用鼠标将该工作表拖放到最左边

347.在 Excel 2016 工作簿中同时选择多个不相邻的工作表,可以按住(　　　)键的同时依次单击各个工作表的标签。

　　A.Ctrl　　　　　　B.Alt　　　　　　C.Shift　　　　　　D.Esc

348.在 Excel 2016 中电子表格是一种(　　　)维的表格。

　　A.一　　　　　　B.二　　　　　　C.三　　　　　　D.多

349.Excel 2016 工作表中的行和列数最多可有(　　　)。

　　A.256 行、360 列　　　　　　B.65 536 行、256 列

　　C.100 行、100 列　　　　　　D.200 行、200 列

350.Excel 2016 工作表的最左上角的单元格的地址是(　　　)。

　　A.AA　　　　　　B.11　　　　　　C.1A　　　　　　D.A1

351.在 Excel 单元格内输入计算公式时,应在表达式前加一前缀字符(　　　)。

　　A.左圆括号(　　　　　　B.等号＝　　　　　　C.美元符号 $　　　　　　D.单撇号

352.在 Excel 2016 单元格内输入计算公式后按回车键,单元格内显示的是(　　　)。

　　A.计算公式　　　　　　B.公式的计算结果　　　　　　C.空白　　　　　　D.等号＝

353.在单元格中输入数字字符串 00080(邮政编码)时,应输入(　　　)。

　　A.80　　　　　　B.'00080　　　　　　C.'00080　　　　　　D.00080'

354.Excel 2016 工作表最多有(　　　)列。

　　A.65 535　　　　　　B.256　　　　　　C.254　　　　　　D.128

355.在 Excel 2016 中,若要对某工作表重新命名,可以采用(　　　)。

　　A.单击工作表标签　　　　　　B.双击工作表标签

　　C.单击表格标题行　　　　　　D.双击表格标题行

356.Excel 2016 中的工作表是由行、列组成的表格,表中的每一格称为(　　)。

A.窗口格　　　　　　　　　　　　B.子表格

C.单元格　　　　　　　　　　　　D.工作格

357.在 Excel 2016 中,下面关于单元格的叙述正确的是(　　)

A.A4 表示第 4 列第 1 行的单元格

B.在编辑的过程中,单元格地址在不同的环境中会有所变化

C.工作表中每个长方形的表格称为单元格

D.为了区分不同工作表中相同地址的单元格地址,可以在单元格前加上工作表的名称,中间用♯分隔

358.在 Excel 2016 的工作表中,(　　)的操作不能实现。

A.调整单元格高度　　　　　　　　B.插入单元格

C.合并单元格　　　　　　　　　　D.拆分单元格

359.在 Excel 2016 的工作表中,有关单元格的描述,下面正确的是(　　)。

A.单元格的高度和宽度不能调整　　B.同一列单元格的宽度不必相同

C.同一行单元格的高度必须相同　　D.单元格不能有底纹

360.在 Excel 2016 中,单元格地址是指(　　)。

A.每一个单元格　　　　　　　　　B.每一个单元格的大小

C.单元格所在的工作表　　　　　　D.单元格在工作表中的位置

361.在 Excel 2016 中将单元格变为活动单元格的操作是(　　)。

A.用鼠标单击该单元格　　　　　　B.在当前单元格内键入该目标单元格地址

C.将鼠标指针指向该单元格　　　　D.没必要,因为每一个单元格都是活动的

362.在 Excel 2016 中,活动单元格是指(　　)的单元格。

A.正在处理　　　　　　　　　　　B.每一个都是活动

C.能被移动　　　　　　　　　　　D.能进行公式计算

363.向 Excel 2016 工作表的任一单元格输入内容后,都必须确认后才认可,下列确认方法不正确的是(　　)。

A.按光标移动键　　　　　　　　　B.按回车键

C.单击另一单元格　　　　　　　　D.双击该单元格

364.若在工作表中选取一组单元格,则其中活动单元格的数目是(　　)。

A.一行单元格　　　　　　　　　　B.一个单元格

C.一列单元格　　　　　　　　　　D.等于被选中的单元格数目

365.在 Excel 2016 中,按 Ctrl＋End 键,光标移到(　　)。

A.行首　　　　　　　　　　　　　B.工作表头

C.工作簿头　　　　　　　　　　　D.工作表有效的右下角

366.在 Excel 2016 的单元格内输入日期时,年、月、日分隔符可以是(　　)。

A./或一　　　　B.、或｜　　　　C./或\　　　　D.\或.

367.在单元格中输入(　　),使该单元格显示 0.3。

A.6/20　　　　B.＝6/20　　　　C.6/20　　　　D.＝6/20

368.某区域由 A1、A2、A3、B1、B2、B3 六个单元格组成。下列不能表示该区域的是（   ）。

　　A.A1:B3　　　　　　B.A3:B1　　　　　　C.B3:A1　　　　　　D.A1:B1

369.在 Excel 2016 中，单元格 B2 中输入（   ），使其显示为 1.2。

　　A.0.2 * 6　　　　　　B.2 * 0.6　　　　　　C.2 * 6　　　　　　D.＝2 * 0.6

370.普通 Excel 2016 文件的后缀是（   ）。

　　A..xls　　　　　　B..xlt　　　　　　C..xlw　　　　　　D..excel

371.在 Excel 2016 中，（   ）是输入正确的公式形式。

　　A.b2 * d3＋1　　　　　　　　　　B.sum(d1:d2)

　　C.＝sum(d1:d2)　　　　　　　　　D.＝8x2

372.若在 Excel 2016 的 A2 单元中输入＝8＋2，则显示结果为（   ）。

　　A.10　　　　　　B.64　　　　　　C.10　　　　　　D.8＋2

373.若在 Excel 2016 的 A2 单元中输入＝56＞＝57，则显示结果为（   ）。

　　A.56＜57　　　　　　B.＝56＜57　　　　　　C.TRUE　　　　　　D.FALSE

374.在 Excel 2016 中，利用填充柄可以将数据复制到相邻单元格中，若选择含有数值的左右相邻的两个单元格，左键拖动填充柄，则数据将以（   ）填充。

　　A.等差数列　　　　　　　　　　B.等比数列

　　C.左单元格数值　　　　　　　　D.右单元格数值

375.单元格的数据类型不可以是（   ）。

　　A.时间型　　　　　　B.逻辑型　　　　　　C.备注型　　　　　　D.货币型

376.在 Excel 2016 中正确的算术运算符是（   ）等。

　　A.＋ － * / ＞=　　　　　　　　B.= ＜= ＞= ＜＞

　　C.＋ － * /　　　　　　　　　　D.＋ － * / ＆

377.使用鼠标拖放方式填充数据时，鼠标的指针形状应该是（   ）。

　　A.✛　　　　　　B.I　　　　　　C.╋　　　　　　D.？

378.在 Excel 2016 工作表中，用鼠标选择两个不连续但形状和大小均相同的区域后，用户不可以（   ）。

　　A.一次清除两个区域中的数据

　　B.一次删除两个区域中的数据，然后由相邻区域内容移来取代之

　　C.根据需要利用所选两个不连续区域的数据建立图表

　　D.将两个区域中的内容按原来的相对位置复制到不连续的另外两个区域中

379.在 Excel 2016 中用鼠标拖曳复制数据和移动数据在操作上（   ）。

　　A.有所不同，区别是复制数据时，要按住 Ctrl 键

　　B.完全一样

　　C.有所不同，区别是移动数据时，要按住 Ctrl 键

　　D.有所不同，区别是复制数据时，要按住 Shift 键

380.在 Excel 2016 中，利用剪切和粘贴（   ）。

　　A.只能移动数据　　　　　　　　B.只能移动批注

　　C.只能移动格式　　　　　　　　D.能移动数据、批注和格式

381.利用 Excel 2016 的自定义序列功能建立新序列。在输入的新序列各项之间要用( )加以分隔。

    A.全角分号   B.全角逗号   C.半角分号   D.半角逗号

382.在 Excel 2016 的工作表中,要在单元格内输入公式时,应先输入( )

    A.单撇号'   B.等号=   C.美元符号$ D.感叹号!

383.在 Excel 2016 中,当公式中出现被零除的现象时,产生的错误值是( )。

    A.♯N/A!   B.♯DIV/0!   C.♯NUM!   D.♯VALUE!

384.在 Excel 2016 中,要在公式中使用某个单元格的数据时,应在公式中键入该单元格的( )。

    A.格式   B.批注   C.条件格式   D.名称

385.在 Excel 2016 中,如果要修改计算的顺序,需要把公式首先计算的部分括在( )内。

    A.单引号   B.双引号   C.圆括号   D.中括号

386.在 Excel 2016 中在某单元格中输入=-5+6*7,则按回车键后此单元格显示为( )。

    A.-7   B.77   C.37   D.-47

387.设 E1 单元格中的公式为=A3+B4,当 B 列被删除时,E1 单元格中的公式将调整为( )。

    A.=A3+C4   B.=A3+B4   C.=A3+A4   D.♯REF!

388.在 Excel 2016 中,假设 B1、B2、C1、C2 单元格中分别存放 1、2、6、9,SUM(B1:C2)和AVERAGE(B1:C2)的值等于( )。

    A.10,4.5   B.10,10   C.18,4.5   D.18,10

389.在 Excel 2016 中,参数必须用( )括起来,以告诉公式参数开始和结束的位置。

    A.中括号   B.双引号   C.圆括号   D.单引号

390.在 Excel 2016 的常用工具栏中,Σ图标的功能是( )。

    A.函数向导   B.自动求和   C.升序   D.图表向导

391.在单元格中输入=MAX(B2:B8),其作用是( )。

    A.比较 B2 与 B8 的大小   B.求 B2~B8 之间的单元格的最大值

    C.求 B2 与 B8 的和   D.求 B2~B8 之间的单元格的平均值

392.单元格 F3 的绝对地址表达式为( )。

    A.$F3   B.♯F3   C.$F$3   D.F♯3

393.在 Excel 2016 中引用两个区域的公共部分,应使用引用运算符( )。

    A.冒号   B.连字符   C.逗号   D.空格

394.在 Excel 7 中,当某单元格中的数据被显示为充满整个单元格的一串♯♯♯♯♯时,说明( )。

    A.其中的公式内出现 0 做除数的情况

    B.显示其中的数据所需的宽度大于该列的宽度

    C.其中的公式内所引用的单元格已被删除

    D.其中的公式内含有 Excel 不能识别的函数

395.在 Excel 2016 的格式工具栏中,图标的功能是( )。

    A.百分比样式   B.小数点样式   C.千位分隔样式   D.货币样式

396.在 Excel 2016 中,当用户希望使标题位于表格中央时,可以使用对齐方式中的(　　　)。

    A.置中　　　　　　　　B.填充　　　　　　　　C.分散对齐　　　　　　D.合并及居中

397.在 Excel 2016 中的某个单元格中输入文字,若要文字能自动换行,可利用单元格格式对话框的(　　　)选项卡,选择自动换行。

    A.数字　　　　　　　　B.对齐　　　　　　　　C.图案　　　　　　　　D.保护

398.在 Excel 2016 中,单元格的格式(　　　)更改。

    A.一旦确定,将不可　　　　　　　　　　B.依输入数据的格式而定,并不能

    C.可随时　　　　　　　　　　　　　　　D.更改后,将不可

399.在 Excel 2016 的页面中,增加页眉和页脚的操作是(　　　)。

    A.执行文件菜单中的页面设置命令,选择页眉/页脚选项卡

    B.执行文件菜单中的页面设置命令,选择页面选项卡

    C.执行插入菜单中的名称命令,选择页眉/页脚选项卡

    D.只能执行打印对话框中设置

400.Excel 2016 的页面设置窗口的缩放比例(　　　)。

    A.既影响显示时的大小,又影响打印时的大小

    B.不影响显示时的大小,但影响打印时的大小

    C.既不影响显示时的大小,也不影响打印时的大小

    D.影响显示时的大小,但不影响打印时的大小

401.在 Excel 2016 中数据点用条形、线条、柱形、切片、点及其他形状表示,这些形状称为(　　　)。

    A.数据标示　　　　　B.数据　　　　　　　C.图表　　　　　　　　D.数组

402.在 Excel 2016 中建立图表时,一般(　　　)。

    A.首先新建一个图表标签　　　　　　　B.建完图表后,再输入数据

    C.在输入的同时,建立图表　　　　　　D.先输入数据,再建立图表

403.在 Excel 2016 中图表被选中后,插入菜单下的命令内容(　　　)。

    A.发生了变化　　　　　　　　　　　　B.没有变化

    C.均不能使用　　　　　　　　　　　　D.与图表操作无关

404.在 Excel 2016 中,图表是(　　　)。

    A.照片　　　　　　　　　　　　　　　B.工作表数据的图形表示

    C.可以用画图工具进行编辑的　　　　　D.根据工作表数据用画图工具绘制的

405.在 Excel 2016 中,系统默认的图表类型是(　　　)。

    A.柱形图　　　　　　　B.圆饼图　　　　　　　C.面积图　　　　　　　D.折线图

406.在 Excel 2016 中,产生图表的基础数据发生变化后,图表将(　　　)。

    A.被删除　　　　　　　　　　　　　　B.发生改变,但与数据无关

    C.不会改变　　　　　　　　　　　　　D.发生相应的改变

407.在 Excel 2016 中,图表中的图表项(　　　)。

    A.不可编辑　　　　　　　　　　　　　B.可以编辑

    C.不能移动位置,但可编辑　　　　　　D.大小可调整,内容不能改

408.在编辑演示文稿时,要在幻灯片中插入表格、剪贴画或照片等图形,应在( )中进行。

A.备注页视图 B.幻灯片浏览视图

C.幻灯片窗格 D.大纲窗格

409.演示文稿中每张幻灯片都是基于某种( )创建的,它预定义了新建幻灯片的各种占位符布局情况。

A.模板 B.母版 C.版式 D.格式

410.在 PowerPoint 2016 中,设置幻灯片放映时的换页效果为向下插入,应使用幻灯片放映菜单下的( )选项。

A.动作按钮 B.幻灯片切换

C.预设动画 D.自定义动画

411.每个演示文稿都有一个( )集合。

A.模板 B.母版 C.版式 D.格式

412.下列操作,不能插入幻灯片的是( )。

A.单击工具栏中的新幻灯片按钮

B.单击工具栏中常规任务按钮,从中选择新幻灯片选项

C.从插入下拉菜单中选择新幻灯片命令

D.从文件下拉菜单中选择新建命令或单击工具栏中的新建按钮

413.关于插入幻灯片的操作,不正确的是( )。

A.选中一张幻灯片,做插入操作

B.插入的幻灯片在选定的幻灯片之前

C.首先确定要插入幻灯片的位置,然后再做插入操作

D.一次可以插入多张幻灯片

414.在幻灯片中设置文本格式,首先要( )标题占位符、文本占位符或文本框。

A.选定 B.单击

C.双击 D.右击

415.在 PowerPoint 2016 中,幻灯片( )是一张特殊的幻灯片,包含已设定格式的占位符。这些占位符是为标题、主要文本和所有幻灯片中出现的背景项目而设置的。

A.模板 B.母版 C.版式 D.样式

416.对母版的修改将直接反映在( )幻灯片上。

A.每张 B.当前

C.当前幻灯片之后的所有 D.当前幻灯片之前的所有

417.要为所有幻灯片添加编号,( )方法是正确的。

A.执行插入→幻灯片编号命令

B.执行视图→页眉和页脚命令,在弹出的对话框中选中幻灯片编号复选框,然后单击应用按钮

C.执行视图→页眉和页脚命令,在弹出的对话框中选中幻灯片编号复选框,然后单击全部应用按钮

D.在母版视图中,执行插入→幻灯片编号命令

418.在 PowerPoint 2016 软件中，可以为文本、图形等对象设置动画效果，以突出重点或增加演示文稿的趣味性。设置动画效果可采用（　　）菜单的预设动画命令。

　　A.格式　　　　　　　　　　　　　　B.幻灯片放映

　　C.工具　　　　　　　　　　　　　　D.视图

419.要使幻灯片在放映时能够自动播放，需要为其设置（　　）。

　　A.超级链接　　　　B.动作按钮　　　　C.排练计时　　　　D.录制旁白

420.演示文稿打包后，在目标盘上会产生一个名为（　　）的解包可执行文件。

　　A.Setup.exe　　　　　　　　　　　　B.Pngsetup.exe

　　C.Install.exe　　　　　　　　　　　　D.Pres0.ppz

421.展开打包的演示文稿文件，需要运行（　　）。

　　A.pngsetup.exe　　　B.pres0.exe　　　C.acme.exe　　　D.findfast.exe

422.对于演示文稿中不准备放映的幻灯片，可以用（　　）下拉菜单中的隐藏幻灯片命令隐藏。

　　A.工具　　　　　B.幻灯片放映　　　　C.视图　　　　　D.编辑

423.在 PowerPoint 2016 中，可以创建某些（　　），在幻灯片放映时单击它们就可以跳转到特定的幻灯片或运行一个嵌入的演示文稿。

　　A.按钮　　　　　B.过程　　　　　C.替换　　　　　D.粘贴

424.放映幻灯片有多种方法，在缺省状态下，（　　）可以不从第一张幻灯片开始放映。

　　A.幻灯片放映菜单下观看放映命令项

　　B.视图按钮栏上的幻灯片放映按钮

　　C.视图菜单下的幻灯片放映命令项

　　D.在资源管理器中，鼠标右击演示文稿文件，在快捷菜单中选择显示命令

425.PowerPoint 2016 中，下列裁剪图片的说法错误的是（　　）。

　　A.裁剪图片是指保存图片的大小不变，而将不希望显示的部分隐藏起来

　　B.当需要重新显示被隐藏的部分时，还可以通过裁剪工具进行恢复

　　C.如果要裁剪图片，单击选定图片，再单击图片工具栏中的裁剪按钮

　　D.按住鼠标右键向图片内部拖动时，可以隐藏图片的部分区域

426.在 PowerPoint 2016 中，如果有额外的一两行不适合文本占位符的文本，则 PowerPoint 2016 会（　　）。

　　A.不调整文本的大小，也不显示超出部分

　　B.自动调整文本的大小使其适合占位符

　　C.不调整文本的大小，超出部分自动移至下一幻灯片

　　D.不调整文本的大小，但可以在幻灯片放映时用滚动条显示文本

427.在 PowerPoint 2016 中，改变正在编辑的演示文稿模板的方法是（　　）。

　　A.格式菜单下的应用设计模板命令　　　B.工具菜单下的版式命令

　　C.幻灯片放映菜单下的自定义动画命令　　D.格式菜单下的幻灯片版式命令

428.在一张幻灯片中，（　　）。

　　A.只能包含文字信息　　　　　　　　B.只能包含文字与图形对象

　　C.只能包括文字、图形与声音　　　　D.可以包含文字、图形、声音、影片等

429.在 PowerPoint 2016 中,演示文稿与幻灯片的关系是(　　　)。

    A.演示文稿即是幻灯片　　　　　　　B.演示文稿中包含多张幻灯片

    C.幻灯片中包含多个演示文稿　　　　　D.两者无关

430.在幻灯片中添加动作按钮,是为了(　　　)。

    A.演示文稿内幻灯片的跳转功能

    B.出现动画效果

    C.用动作按钮控制幻灯片的制作

    D.用动作按钮控制幻灯片统一的外观

431.要设置在幻灯片中艺术字的格式,可通过(　　　)实现。

    A.选定艺术字,在插入菜单中选择对象命令

    B.选定艺术字,在编辑菜单中选择替换命令

    C.选定艺术字,在格式菜单中选择艺术字命令

    D.选定艺术字,在工具菜单中选择语言命令

432.如果希望 PowerPoint 2016 演示文稿的作者名出现在所有幻灯片中,则应将其加入到(　　　)。

    A.幻灯片母版　　　　　　　　　　　B.备注母版

    C.标题母版　　　　　　　　　　　　D.幻灯片设计模板

433.将 PowerPoint 2016 演示文稿整体地设置为统一外观的功能是(　　　)。

    A.统一动画效果　　　　　　　　　　B.配色方案

    C.固定的幻灯片母版　　　　　　　　D.应用设计模板

434.在 PowerPoint 2016 幻灯片中,要选定多个对象,可通过(　　　)实现。

    A.按着 Shift 键的同时,用鼠标单击各个对象

    B.按着 Ctrl 键的同时,用鼠标单击各个对象

    C.按着 Alt 键的同时,用鼠标单击各个对象

    D.按着 Tab 键的同时,用鼠标单击各个对象

435.在 PowerPoint2016 中,执行文件/关闭命令,则(　　　)。

    A.关闭 PowerPoint 2016 窗口　　　　B.关闭正在编辑的演示文稿

    C.退出 PowerPoint 2016　　　　　　　D.关闭所有打开的演示文稿

436.在 PowerPoint 2016 中,幻灯片母版是(　　　)。

    A.用户定义的第一张幻灯片,以供其他幻灯片套用

    B.用于统一演示文稿中各种格式的特殊幻灯片

    C.用户定义的幻灯片模板

    D.演示文稿的总称

437.为在 PowerPoint 2016 幻灯片放映时,对某张幻灯片加以说明,可(　　　)。

    A.用鼠标作笔进行勾画

    B.在工具栏选绘图笔进行勾画

    C.在 Windows 画图工具箱中选绘图笔进行勾画

    D.在幻灯片放映时右击鼠标,在快捷菜单的指针选项中选绘图笔命令

438.在 PowerPoint 2016 中,若预设动画,应选择(　　　)。

    A.幻灯片放映/预设动画　　　　　　　　B.编辑/查找

    C.格式/幻灯片版式　　　　　　　　　　D.插入/影片和声音

439.在 PowerPoint 2016 中,幻灯片(　　　)是一种特殊的幻灯片,包含已设定格式的占位符。这些占位符是为标题、主要文本和所有幻灯片中出现的背景项目而设置的。

    A.模板　　　　　　B.母版　　　　　　C.版式　　　　　　D.样式

440.若要在 PowerPoint 2016 中插入图片,下列说法错误的是(　　　)。

    A.允许插入在其他图形程序中创建的图片

    B.为了将某种格式的图片插入到幻灯片中,必须安装相应的图形过滤器

    C.选择插入菜单中的图片命令,再选择来自文件

    D.在插入图片前,不能预览图片

441.在 PowerPoint 2016 中,关于在幻灯片中插入图表的说法中错误的是(　　　)。

    A.可以直接通过复制和粘贴的方式将图表插入到幻灯片中

    B.对不含图表占位符的幻灯片可以插入新图表

    C.只能通过插入包含图表的新幻灯片来插入图表

    D.双击图表占位符可以插入图表

442.在 PowerPoint 2016 中,下列有关表格的说法错误的是(　　　)。

    A.要向幻灯片中插入表格,需切换到普通视图

    B.要向幻灯片中插入表格,需切换到幻灯片视图

    C.不能在单元格中插入斜线

    D.可以分拆单元格

443.在 PowerPoint 2016 中,下列说法错误的是(　　　)。

    A.不可以为剪贴画重新上色

    B.可以向已存在的幻灯片中插入剪贴画

    C.可以修改剪贴画

    D.可以利用自动版式建立带剪贴画的幻灯片,用来插入剪贴画

444.在 PowerPoint 2016 中,下列关于表格的说法错误的是(　　　)。

    A.可以向表格中插入新行和新列　　　　B.不能合并和拆分单元格

    C.可以改变列宽和行高　　　　　　　　D.可以给表格添加边框

445.在 PowerPoint 2016 的(　　　)下,可以用拖动方法改变幻灯片的顺序。

    A.幻灯片视图　　　　　　　　　　　　B.备注页视图

    C.幻灯片浏览视图　　　　　　　　　　D.幻灯片放映

446.在 PowerPoint 2016 中,将已经创建的演示文稿转移到其他没有安装 PowerPoint 2016 软件的机器上放映的命令是(　　　)。

    A.演示文稿打包　　B.演示文稿发送　　C.演示文稿复制　　D.设置幻灯片放映

447.PowerPoint 2016 的演示文稿具有幻灯片、幻灯片浏览、备注、幻灯片放映和(　　　)等 5 种视图。

    A.普通　　　　　　B.大纲　　　　　　C.页面　　　　　　D.联机版式

448.演示文稿的基本组成单元是( )。

　　A.文本　　　　　　B.图形　　　　　　C.超链接　　　　D.幻灯片

449.PowerPoint 2016 中,显示出当前被处理的演示文件名的栏是( )。

　　A.工具栏　　　　　B.菜单栏　　　　　C.标题栏　　　　D.状态栏

450.PowerPoint 2016 在幻灯片中建立超链接有两种方式:把某对象作为超链接点和( )。

　　A.文本框　　　　　B.文本　　　　　　C.图片　　　　　D.动作按钮

451.在 PowerPoint 2016 中,激活超链接的动作可以是在超链接点用鼠标单击和( )。

　　A.移过　　　　　　B.拖动　　　　　　C.双击　　　　　D.右击

452.剪切幻灯片,首先要选中当前幻灯片,然后( )。

　　A.单击编辑下拉菜单的清除命令　　　　B.单击编辑下拉菜单的剪切命令

　　C.按住 Shift 键,然后利用拖放控制点　　D.按住 Ctrl 键,然后利用拖放控制点

453.要实现在播放时幻灯片之间的跳转,可采用的方法是( )。

　　A.设置预设动画　　　　　　　　　　B.设置自定义动画

　　C.设置幻灯片切换方式　　　　　　　D.设置动作按钮

454.要为所有幻灯片添加编号,下列方法中正确的是( )。

　　A.执行插入菜单的幻灯片编号命令即可

　　B.在母版视图中,执行插入菜单的幻灯片编号命令

　　C.执行视图菜单的页眉和页脚命令,在弹出的对话框中选中幻灯片编号复选框,然后单击应用按钮

　　D.执行视图菜单的页眉和页脚命令,在弹出的对话框中选中幻灯片编号复选框,然后单击全部应用按钮。

455.在 PowerPoint 2016 的打印对话框中,不是合法的打印内容选项是( )。

　　A.备注页　　　　　　　　　　　　B.幻灯片

　　C.讲义　　　　　　　　　　　　　D.幻灯片浏览

456.在幻灯片的放映过程中要中断放映,可以直接按( )键。

　　A.Alt+F4　　　　B.Ctrl+X　　　　C.Esc　　　　D.End

457.当保存演示文稿时,出现另存为对话框,则说明( )。

　　A.该文件保存时不能用该文件原来的文件名

　　B.该文件不能保存

　　C.该文件未保存过

　　D.该文件已经保存过

458.在 PowerPoint 2016 中,要选定多个图形时,需( ),然后用鼠标单击要选定的图形对象。

　　A.先按住 Alt 键　　　　　　　　　B.先按住 Home 建

　　C.先按住 Shift 健　　　　　　　　D.先按住 Ctrl 健

459.在 PowerPoint 2016 中,若想在一屏内观看多张幻灯片的播放效果,可采用的方法是( )。

　　A.切换到幻灯片放映视图　　　　　　B.打印预览

　　C.切换到幻灯片浏览视图　　　　　　D.切换到幻灯片大纲视图

460.不能作为 PowerPoint 2016 演示文稿的插入对象的是(　　　)。

    A.图表   B.Excel 工作簿

    C.图像文档   D.Windows 操作系统

461.在 PowerPoint 2016 中需要帮助时,可以按功能键(　　　)。

    A.F1   B.F2   C.F7   D.F8

462.幻灯片的切换方式是指(　　　)。

    A.在编辑新幻灯片时的过渡形式

    B.在编辑幻灯片时切换不同视图

    C.在编辑幻灯片时切换不同的设计模板

    D.在幻灯片放映时两张幻灯片间过渡形式

463.在 PowerPoint 2016 中,安排幻灯片对象的布局可选择(　　　)来设置

    A.应用设计模板   B.幻灯片版式

    C.背景   D.配色方案

464.在 PowerPoint 2016 中,取消幻灯片中对象的动画效果可通过执行(　　　)命令来实现。

    A.幻灯片放映中的自定义动画   B.幻灯片放映中的自定义放映

    C.幻灯片放映中的预设动画   D.幻灯片放映中的动作按钮

465.在 PowerPoint 2016 中,文字区的插入条光标存在,证明此时是(　　　)状态。

    A.移动   B.文字编辑   C.复制   D.文字框选取

466.选定演示文稿,若要改变该演示文稿的整体外观,需要进行(　　　)的操作。

    A.单击工具下拉菜单中的自动更正命令

    B.单击工具下拉菜单中的自定义命令

    C.单击格式下拉菜单中的应用设计模板命令

    D.单击工具下拉菜单中的版式命令

467.执行幻灯片放映下拉菜单中的排练计时命令对幻灯片定时切换后,又执行了幻灯片放映下拉菜单中的设置放映方式命令,并在该对话框的换片方式选项组中,选择人工选项,则下面叙述中不正确的是(　　　)。

    A.放映幻灯片时,单击鼠标换片

    B.放映幻灯片时,单击弹出菜单按钮,选择下一张命令进行换片

    C.放映幻灯片时,单击鼠标右键弹出快捷菜单按钮,选择下一张命令进行换片

    D.幻灯片仍然按排练计时设定的时间进行换片

468.在 PowerPoint 2016 窗口下使用大纲视图,不能进行的操作是(　　　)。

    A.对图片、图表、图形等进行修改、删除、复制和移动

    B.对幻灯片的顺序进行调整

    C.对标题的层次和顺序进行改变

    D.对标题和文本进行删除或复制

469.在空白自动版式的演示文稿内输入标题,比较简单方便的方式是(　　　)。

    A.使用幻灯片浏览视图   B.使用大纲视图

    C.使用幻灯片视图   D.使用备注页视图

470.在 PowerPoint 2016 中,如果在幻灯片浏览视图中要选定若干张不连续的幻灯片,那么应先按住(　　)键,再分别单击各幻灯片。

    A.Tab   B.Ctrl   C.Shift   D.Alt

471.在幻灯片浏览视图中,按住 Ctrl 键,并用鼠标拖动幻灯片,将完成幻灯片的(　　)操作。

    A.剪切   B.移动   C.复制   D.删除

472.所谓的媒体是指(　　)。

    A.表示和传播信息的载体   B.各种信息的编码

    C.计算机屏幕显示的信息   D.计算机的输入和输出信息

473.多媒体媒体元素不包括(　　)。

    A.文本   B.光盘   C.声音   D.图像

474.多媒体计算机是指(　　)。

    A.具有多种外部设备的计算机   B.能与多种电器连接的计算机

    C.能处理多种媒体的计算机   D.借助多种媒体操作的计算机

475.多媒体除了具有信息媒体多样性的特征外,还具有(　　)。

    A.交互性   B.集成性

    C.系统性   D.上述三方面特征

476.在多媒体应用中,本文的多样性主要是通过其(　　)表现出来的。

    A.文本格式   B.编码   C.内容   D.存储格式

477.下面关于图形媒体元素的描述,说法不正确的是(　　)。

    A.图形也称矢量图   B.图形主要由直线和弧线等实体组成

    C.图形易于用数堂方法描述   D.图形在计算机中用位图格式表示

478.下面关于(静止)图像媒体元素的描述,说法不正确的是(　　)。

    A.静止图像和图形一样具有明显规律的线条

    B.图像在计算机内部只能用称之为像素的点阵表示

    C.图形与图像在普通用户看来是一样的,但计算机对它们的处理方法完全不同

    D.图像较图形在计算机内部占据更大的存储空间

479.分辨率影响图像的质量,在图像处理时需要考虑(　　)。

    A.屏幕分辨率   B.显示分辨率

    C.像素分辨率   D.上述三项

480.屏幕上每个像素都用 1 个或多个二进制位描述其颜色信息,256 种灰色度等级的图像每个像素用(　　)个二进制位描述其颜色信息。

    A.1   B.4   C.8   D.24

481.PCX、BMP、TIFF、JPG、GIF 等格式的文件是(　　)。

    A.动画文件   B.视频数字文件   C.位图文件   D.矢量文件

482.WMF、DXF 等格式的文件是(　　)。

    A.动画文件   B.视频数字文件   C.位图文件   D.矢量文件

483.互联网上最常用的用来传输图像的存储格式是(　　)。

    A.WAV   B.BMP   C.MID   D.JPEG

484.图像数据压缩的目的是为了（　　　）。

    A.符合 ISO 标准　　　　　　　　　　B.减少数据存储量,便于传输

    C.图像编辑的方便　　　　　　　　　　D.符合各国的电视制式

485.目前我国采用视频信号的制式是（　　　）。

    A.PAL　　　　　　　B.NTSC　　　　　　C.SECAM　　　　　　D.S－Video

486.视频信号数字化存在的最大问题是（　　　）。

    A.精度低　　　　　　B.设备昂贵　　　　　C.过程复杂　　　　　D.数据量大

487.计算机在存储波形声音之前,必须进行（　　　）。

    A.压缩处理　　　　　B.解压缩处理　　　　C.模拟化处理　　　　D.数字化处理

488.计算机先要用（　　　）设备把波形声音的模拟信号转换成数字信号再处理或存储。

    A.模/数转换器　　　B.数/模转换器　　　C.VCD　　　　　　　D.DVD

489.（　　　）直接影响声音数字化的质量

    A.采样频率　　　　　B.采样精度　　　　　C.声道数　　　　　　D.上述三项

490.MIDI 标准的文件中存放的是（　　　）。

    A.波形声音的模拟信号　　　　　　　　B.波形声音的数字信号

    C.计算机程序　　　　　　　　　　　　D.符号化的音乐

491.不能用来存储声音的文件格式是（　　　）。

    A.WAV　　　　　　　B.JPG　　　　　　　C.MID　　　　　　　D.MP3

492.声卡是多媒体计算机不可缺少的组成部分,是（　　　）。

    A.纸做的卡片　　　　　　　　　　　　B.塑料做的卡片

    C.一块专用器件　　　　　　　　　　　D.一种圆形唱片

493.下面关于动画媒体元素的描述,说法不正确的是（　　　）。

    A.动画也是一种活动影像　　　　　　　B.动画有二维和三维之分

    C.动画只能逐幅绘制　　　　　　　　　D.SWF 格式文件可以保存动画

494.下面关于多媒体数据压缩技术的描述,说法不正确的是（　　　）。

    A.数据压缩的目的是为了减少数据存储量,便于传输和回放

    B.图像压缩就是在没有明显失真的前提下,将图像的位图信息转变成另外一种能将数据量
      缩减的表达形式

    C.数据压缩算法分为有损压缩和无损压缩

    D.只有图像数据需要压缩

495.MPEG 是一种图像压缩标准,其含义是（　　　）。

    A.联合静态图像专家组　　　　　　　　B.联合活动图像专家组

    C.国际标准化组织　　　　　　　　　　D.国际电报电话咨询委员会

496.DVD 光盘采用的数据压缩标准是（　　　）。

    A.MPEG－1　　　　　B.MPEG－2　　　　　C.MPEG－4　　　　　D.MPEG－7

497.常用于存储多媒体数据的存储介质是（　　　）。

    A.CD－ROM、VCD 和 DVD　　　　　　B.可擦写光盘和一次写光盘

    C.大容量磁盘与磁盘阵列　　　　　　　D.上述三项

498.音频和视频信号的压缩处理需要进行大量的计算和处理,输入和输出往往要实时完成,要求计算机具有很高的处理速度,因此要求有(　　)。

A.高速运算的 CPU 和大容量的内存储器 RAM

B.多媒体专用数据采集和还原电路

C.数据压缩和解压缩等高速数字信号处理器

D.上述三项

499.多媒体计算机系统由(　　)。

A.计算机系统和各种媒体组成

B.计算机和多媒体操作系统组成

C.多媒体计算机硬件系统和多媒体计算机软件系统组成

D.计算机系统和多媒体输入输出设备组成

500.下面是关于多媒体计算机硬件系统的描述,不正确的是(　　)。

A.摄像机、话筒、录像机、录音机、扫描仪等是多媒体输入设备

B.打印机、绘图仪、电视机、音响、录像机、录音机、显示器等是多媒体的输出设备

C.多媒体功能卡一般包括声卡、视卡、图形加速卡、多媒体压缩卡、数据采集卡等

D.由于多媒体信息数据量大,一般用光盘而不用硬盘作为存储介质

501.下列设备,不能作为多媒体操作控制设备的是(　　)。

A.鼠标器和键盘　　　　　　　　　　B.操纵杆

C.触摸屏　　　　　　　　　　　　　D.话筒

502.多媒体计算机软件系统由(　　)、多媒体数据库、多媒体压缩解压缩程序、声像同步处理程序、通信程序、多媒体开发制作工具软件等组成。

A.多媒体应用软件　　　　　　　　　B.多媒体操作系统

C.多媒体系统软件　　　　　　　　　D.多媒体通信协议

503.采用工具软件不同,计算机动画文件的存储格式也就不同。以下几种文件的格式中(　　)不是计算机动画格式。

A.GIF 格式　　　　B.MIDI 格式　　　　C.SWF 格式　　　　D.MOV 格式

504.根据多媒体的特性判断,(　　)属于多媒体的范畴。

A.交互式视频游戏　　　　　　　　　B.图书

C.彩色画报　　　　　　　　　　　　D.彩色电视

505.要把一台普通的计算机变成多媒体计算机,(　　)不是要解决的关键技术。

A.数据共享　　　　　　　　　　　　B.多媒体数据压编码和解码技术

C.视频音频数据的实时处理和特技　　D.视频音频数据的输出技术

506.多媒体技术未来发展的方向是(　　)。

A.高分辨率,提高显示质量　　　　　B.高速度化,缩短处理时间

C.简单化,便于操作　　　　　　　　D.智能化,提高信息识别能力

507.数字音频采样和量化过程所用的主要硬件是(　　)。

A.数字编码器　　　　　　　　　　　B.数字解码器

C.模拟到数字的转换器(A/D 转换器)　D.数字到模拟的转换器(D/A 转换器)

508.音频卡是按（　　　）分类的。

    A.采样频率　　　　　B.声道数　　　　　　　C.采样量化位数　　　　D.压缩方式

509.两分钟双声道,16 位采样位数,22.05 kHz 采样频率声音的不压缩的数据量是（　　　）。

    A.5.05 MB　　　　　　B.12.58 MB　　　　　　C.10.34 MB　　　　　　D.10.09 MB

510.目前音频卡具备（　　　）功能。

    A.录制和回放数字音频文件　　　　　　　B.混音

    C.语音特征识别　　　　　　　　　　　　D.实时解/压缩数字单频文件

511.以下的采样频率中,（　　　）是目前音频卡所支持的

    A.20 kHz　　　　　　B.22.05 kHz　　　　　C.100 kHz　　　　　　D.50 kHz

512.下列采集的波形声音质量最好的是（　　　）。

    A.单声道、8 位量化、22.05 kHz 采样频率

    B.双声道、8 位量化、44.1 kHz 采样频率

    C.单声道、16 位量化、22.05 kHz 采样频率

    D.双声道、16 位量化、44.1 kHz 采样频率

513.国际上除我国外常用的视频制式是（　　　）。

    A.pal 制　　　　　　B.ntsc 制　　　　　　C.secam 制　　　　　D.mpeg

514.在多媒体计算机中,常用的图像输入设备是（　　　）。

    A.数码照相机　　　　B.彩色扫描仪　　　　　C.视频信号数字化仪　　D.彩色摄像机

515.视频采集卡能支持多种视频源输入,（　　　）是视频采集卡支持的视频源。

    A.放像机　　　　　　B.摄像机　　　　　　　C.影碟机　　　　　　D.CD－ROM

516.下列数字视频中质量最好的是（　　　）。

    A.240(180 分辨率、24 位真彩色、15 帧/秒的帧率)

    B.320(240 分辨率、32 位真彩色、25 帧/秒的帧率)

    C.640(480 分辨率、32 位真彩色、30 帧/秒的帧率)

    D.640(480 分辨率、16 位真彩色、15 帧/秒的帧率)

517.组成多媒体系统的最简单途径是（　　　）。

    A.直接设计和实现　　　　　　　　　　　B.增加多媒体升级套件进行扩展

    C.CPU 升级　　　　　　　　　　　　　　D.增加 cd－da

518.下面（　　　）说法是不正确的。

    A.电子出版物存储容量大,一张光盘可存储几百本书

    B.电子出版物可以集成文本、图形、图象、动画、视频和声音等多媒体信息

    C.电子出版物不能长期保存

    D.电子出版物检索快

519.一般来说,要求声音的质量越高,则（　　　）。

    A.量化级数越低和采样频率越低　　　　　B.量化级数越高和采样频率越高

    C.量化级数越低和采样频率越高　　　　　D.量化级数越高和采样频率越低

520.下列声音文件格式中,（　　　）是波形文件格式。

    A.WAV　　　　　　　B.CMF　　　　　　　C.VOC　　　　　　　D.MID

521.( )是图像和视频编码的国际标准。

    A.JPEG   B.MPEG   C.ADPCM   D.AVI

522.下述声音分类中质量最好的是( )。

    A.数字激光唱盘   B.调频无线电广播   C.调幅无线电广播   D.电话

523.以下文件格式中不是图像文件格式的是( )。

    A.pcx   B.gif   C.wmf   D.mpg

524.光盘按其读写功能可分为( )。

    A.只读光盘/可擦写光盘   B.CD/DVD/VCD

    C.3.5/5/8 时   D.塑料/铝合金

525.( )是指直接作用于人的感觉器官,是人产生直接感觉的媒体。

    A.存储媒体   B.表现媒体   C.感觉媒体   D.表示媒体

526.按照光驱在计算机上的安装方式,光驱一般可分为( )。

    A.内置式和外置式   B.只读和可擦写光驱

    C.CD 和 DVD 光驱   D.3.5 英寸和 5.25 英寸光驱

527.( )功能不是声卡应具有的功能。

    A.具有与 MIDI 设备和 CD－ROM 驱动器的连接功能

    B.合成和播放音频文件

    C.压缩和解压缩音频文件

    D.编辑加工视频和音频数据

528.下列设备中,( )不是多媒体计算机常用的图像输入设备。

    A.数码照相机   B.彩色扫描仪   C.键盘   D.彩色摄像机

529.下列硬件设备中,( )不是多媒体硬件系统必须包括的设备。

    A.计算机最基本的硬件设备   B.CD－ROM

    C.音频输入、输出和处理设备   D.多媒体通信传输设备

530.下列选项中,不属于多媒体的媒体类型的是( )。

    A.程序   B.图像   C.音频   D.视频

531.下列各项中,( )不是常用的多媒体信息压缩标准。

    A.JPEG 标准   B.MP3 压缩   C.LWZ 压缩   D.MPEG 标准

532.用 WinRAR 软件创建自解压文件时,文件的后缀名为( )。

    A.EXE   B.RAR   C.ZIP   D.ARJ

533.( )不是多媒体技术的典型应用。

    A.计算机辅助教学(CAI)   B.娱乐和游戏

    C.视频会议系统   D.计算机支持协同工作

534.多媒体技术中使用数字化技术与模拟方式相比,不是数字化技术专有特点的是( )。

    A.经济,造价低

    B.数字信号不存在衰减和噪音干扰问题

    C.数字信号在复制和传送过程不会因噪音的积累而产生衰减

    D.适合数字计算机进行加工和处理

535.不属于计算机多媒体功能的是（　　　）。

    A.收发电子邮件   B.播放 VCD   C.播放音乐   D.播放视频

536.多媒体技术能处理的对象包括字符、数值、声音和（　　　）数据。

    A.图像   B.电压   C.磁盘   D.电流

537.描述多媒体计算机较为全面的说法是指（　　　）。

    A.带有视频处理和音频处理功能的计算机

    B.带有 CD－ROM 的计算机

    C.可以存储多媒体文件的计算机

    D.可以播放 CD 的计算机

538.多媒体计算机处理的信息类型以下说法中最全面的是（　　　）。

    A.文字,数字,图形,音频

    B.文字,数字,图形,图像,音频,视频,动画

    C.文字,数字,图形,图像

    D.文字,图形,图像,动画

539.只读光盘 CD－ROM 属于（　　　）。

    A.表现媒体   B.存储媒体   C.传播媒体   D.通信媒体

540.多媒体信息在计算机中的存储形式是（　　　）。

    A.二进制数字信息   B.十进制数字信息

    C.文本信息   D.模拟信号

541.以下有关多媒体计算机说法错误的是（　　　）。

    A.多媒体计算机包括多媒体硬件和多媒体软件系统

    B.Win 10 不具备多媒体处理功能

    C.Win 7 是一个多媒体操作系统

    D.多媒体计算机一般有各种媒体的输入输出设备

542.下列有关 DVD 光盘与 VCD 光盘的描述中,错误的是（　　　）。

    A.DVD 光盘的图像分辨率比 VCD 光盘高

    B.DVD 光盘的图像质量比 VCD 光盘好

    C.DVD 光盘的记录容量比 VCD 光盘大

    D.DVD 光盘的直径比 VCD 光盘大

543.声卡是多媒体计算机处理（　　　）的主要设备。

    A.音频与视频   B.动画   C.音频   D.视频

544.下列关于 CD－ROM 光盘的描述中,不正确的是（　　　）。

    A.容量大   B.寿命长   C.传输速度比硬盘慢   D.可读可写

545.多媒体计算机中的多媒体是指（　　　）。

    A.文本、图形、声音、动画和视频及其组合的载体

    B.一些文本的载体

    C.一些文本与图形的载体

    D.一些声音和动画的载体

546.多媒体和电视的区别在于( )。

    A.有无声音   B.有无图像   C.有无动画   D.交互性

547.关于使用触摸屏的说法正确的是( )。

    A.用手指操作直观、方便   B.操作简单,无须学习

    C.交互性好,简化了人机接口   D.全部正确

548.CD－ROM 可以存储( )。

    A.文字   B.图像

    C.声音   D.文字、声音和图像

549.能够处理各种文字、声音、图像和视频等多媒体信息的设备是( )。

    A.数码照相机   B.扫描仪   C.多媒体计算机   D.光笔

550.多媒体计算机中除了通常计算机的硬件外,还必须包括( )四个硬部件。

    A.CD－ROM、音频卡、MODEM、音箱

    B.CD－ROM、音频卡、视频卡、音箱

    C.MODEM、音频卡、视频卡、音箱

    D.CD－ROM、MODEM、视频卡、音箱

551.下列设备中,多媒体计算机所特有的设备是( )。

    A.打印机   B.鼠标器   C.键盘   D.视频卡

552.与传统媒体相比,多媒体的特点有( )。

    A.数字化、结合性、交互性、分时性

    B.现代化、结合性、交互性、实时性

    C.数字化、集成性、交互性、实时性

    D.现代化、集成性、交互性、分时性

553.在多媒体计算机系统中,不能用以存储多媒体信息的是( )。

    A.磁带   B.光缆   C.磁盘   D.光盘

554.只要计算机配有( )驱动器,就可以使用 CD 播放器播放 CD 唱盘。

    A.软驱   B.CD－ROM   C.硬盘   D.USB

555.( )是对数据重新进行编码,以减少所需存储空间的通用术语。

    A.数据编码   B.数据展开   C.数据压缩   D.数据计算

556.有些类型的文件因为它们本身就是以压缩格式存储的,因而很难进行压缩,例如( )。

    A.WAV 音频文件   B.BMP 图像文件

    C.视频文件   D.JPG 图像文件

557.利用 WinRAR 进行解压缩时,以下方法不正确的是( )。

    A.用 Ctrl＋鼠标左键选择不连续对象,用鼠标左键直接拖到资源管理器中

    B.用 Shift＋鼠标左键选择连续多个对象,用鼠标左键拖到资源管理器中

    C.在已选的文件上点击鼠标右键,选择相应的释放目录

    D.在已选的文件上点击鼠标左键,选择相应的释放目录

558.( )是指压缩文件自身可进行解压缩,而不需借助其他软件。

    A.自压缩文件   B.自解压文件   C.自加压文件   D.自运行文件

559.有关 WinRAR 软件说法错误的是（　　　）。

　　A.WinRAR 默认的压缩格式是 RAR,它的压缩率比 ZIP 格式高出 10%～30%

　　B.WinRAR 可以为压缩文件制作自解压文件

　　C.WinRAR 不支持 ZIP 类型的压缩文件

　　D.WinRAR 可以制作带口令的压缩文件

560.下列说法正确的是（　　　）。

　　A.音频卡本身具有语音识别的功能

　　B.文件压缩和磁盘压缩的功能相同

　　C.多媒体计算机的主要特点是具有较强的音、视频处理能力

　　D.彩色电视信号就属于多媒体的范畴

561.（　　　）是音频文件。

　　A.神话.mpeg　　　B.神话.asf　　　　　C.神话.rm　　　　　　D.神话.mp3

562.计算机的声卡所起的作用是（　　　）。

　　A.数/模、模/数转换　　　　　　　　　B.图形转换

　　C.压缩　　　　　　　　　　　　　　　D.显示

563.以下类型的图像文件中,（　　　）是没经过压缩的。

　　A.JPG　　　　　　B.GIF　　　　　　　C.TIF　　　　　　　D.BMP

564.人工合成制作的电子数字音乐文件是（　　　）。

　　A.MIDI.mid 文件　　　　　　　　　　B.WVA.wav 文件

　　C.MPEG.mpl 文件　　　　　　　　　　D.RA.ra 文件

565.在声音的数字化处理过程中,当（　　　）时,声音文件最大。

　　A.采样频率高,量化精度低　　　　　　B.采样频率高,量化精度高

　　C.采样频率低,量化精度低　　　　　　D.采样频率低,量化精度高

566.HTTP 是一种（　　　）。

　　A.高级程序设计语言　　　　　　　　　B.超文本传输协议

　　C.域名　　　　　　　　　　　　　　　D.网址超文本传输协议

567.计算机网络的主要目标是实现（　　　）。

　　A.即时通信　　　　B.发送邮件　　　　C.运算速度快　　　D.资源共享

568.E—mail 的中文含义是（　　　）。

　　A.远程查询　　　　B.文件传输　　　　C.远程登录　　　　D.电子邮件

569.Internet 的前身是（　　　）。

　　A.ARPANET　　　　B.ENIVAC　　　　C.TCP/IP　　　　　D.MILNET

570.下列选项中,正确的 IP 地址格式是（　　　）。

　　A.202.202.1　　　B.202.2.2.2.2　　　C.202.118.118.1　　D.202.258.14.13

571.（　　　）类 IP 地址是组广播地址。

　　A.A　　　　　　　B.B　　　　　　　　C.C　　　　　　　D.D

572.下列选项不是计算机网络必须具备的要素的是（　　　）。

　　A.网络服务　　　　B.连接介质　　　　C.协议　　　　　　D.交换机

573.下列选项不是按网络拓扑结构分类的是（　　　）。

    A.星型网　　　　　B.环型网　　　　　C.校园网　　　　　D.总线型网

574.下列网络拓扑结构对中央节点的依赖性最强的是（　　　）。

    A.星型　　　　　　B.环型　　　　　　C.总线型　　　　　D.链型

575.计算机网络按其传输带宽方式分类,可分为（　　　）。

    A.广域网和骨干网　　　　　　　　　B.局域网和接入网

    C.基带网和宽带网　　　　　　　　　D.宽带网和窄带网

576.（　　　）是网络操作系统。

    A.TCP/IP 网　　　B.ARP　　　　　　C.Win 10　　　　　D.Internet

577.调制解调器的英文名称是（　　　）。

    A.Bridge　　　　　B.Router　　　　　C.Gateway　　　　D.Modem

578.计算机网络由通信子网和（　　　）组成。

    A.网卡　　　　　　B.服务器　　　　　C.网线　　　　　　D.资源子网

579.企业内部网是采用 TCP/IP 技术,集 LAN、WAN 和数据服务为一体的一种网络,它也称为

（　　　）。

    A.广域网　　　　　B.Internet　　　　C.局域网　　　　　D.Intranet

580.Internet 属于（　　　）。

    A.局域网　　　　　B.广域网　　　　　C.全局网　　　　　D.主干网

581.E－mail 地址中@后面的内容是指（　　　）。

    A.密码　　　　　　　　　　　　　　B.邮件服务器名称

    C.账号　　　　　　　　　　　　　　D.服务提供商名称

582.下列有关网络的说法中,（　　　）是错误的。

    A.OSI/RM 分为七个层次,最高层是表示层

    B.在电子邮件中,除文字、图形外,还可包含音乐、动画等

    C.如果网络中有一台计算机出现故障,对整个网络不一定有影响

    D.在网络范围内,用户可被允许共享软件、数据和硬件

583.网络上可以共享的资源有（　　　）。

    A.传真机、数据、显示器　　　　　　B.调制解调器、内存、图像等

    C.打印机、数据、软件等　　　　　　D.调制解调器、打印机、缓存

584.在 OSI/RM 协议模型的数据链路层,数据传输的基本单位是（　　　）。

    A.比特　　　　　　B.帧　　　　　　　C.分组　　　　　　D.报文

585.在 OSI/RM 协议模型的物理层,数据传输的基本单位是（　　　）。

    A.比特　　　　　　B.帧　　　　　　　C.分组　　　　　　D.报文

586.下列网络中,不属于局域网的是（　　　）。

    A.互联网　　　　　　　　　　　　　B.工作组网络

    C.中小企业网　　　　　　　　　　　D.校园计算机网

587.下列传输介质中,属于无线传输介质的是（　　　）。

    A.双绞线　　　　　B.微波　　　　　　C.同轴电缆　　　　D.光缆

588.下列传输介质中,属于有线传输介质的是(　　　)。

  A.红外   B.蓝牙   C.同轴电缆   D.微波

589.下列传输介质中,传输信号损失最小的是(　　　)。

  A.双绞线   B.同轴电缆   C.光缆   D.微波

590.中继器是工作在(　　　)的设备。

  A.物理层   B.数据链路层   C.网络层   D.传输层

591.集线器又被称为(　　　)。

  A.Switch   B.Router   C.Hub   D.Gateway

592.关于计算机网络协议,下面说法错误的是(　　　)。

  A.网络协议就是网络通信的内容

  B.制定网络协议是为了保证数据通信的正确、可靠

  C.计算机网络的各层及其协议的集合,称为网络的体系结构

  D.网络协议通常由语义、语法、变换规则3部分组成

593.路由器工作在 OSI/RM 网络协议参考模型的(　　　)。

  A.物理层   B.网络层   C.传输层   D.会话层

594.计算机接入局域网需要配备(　　　)。

  A.网卡   B.MODEM   C.声卡   D.打印机

595.下列说法错误的是(　　　)。

  A.因特网中 IP 地址是唯一的

  B.IP 地址由网络地址和主机地址组成

  C.一个 IP 地址可对应多个域名

  D.一个域名可对应多个 IP 地址

596.IP 地址格式写成十进制时有(　　　)组十进制数。

  A.8   B.4   C.5   D.32

597.IP 地址为 192.168.120.32 的地址是(　　　)类地址。

  A.A   B.B   C.C   D.D

598.依据前三位二进制代码,(　　　)属于 C 类地址。

  A.010……   B.100……   C.110……   D.111……

599.IP 地址为 10.1.10.32 的地址是(　　　)类地址。

  A.A   B.B   C.C   D.D

600.依据前四位二进制代码,(　　　)属于 D 类地址。

  A.0100……   B.1000……   C.1100……   D.1110……

601.IP 地址为 172.15.260.32 的地址是(　　　)类地址。

  A.A   B.B   C.C   D.无效地址

602.每块网卡的物理地址是(　　　)。

  A.可以重复的 B.唯一的   C.可以没有地址 D.地址可以是任意长度

603.下列属于计算机网络通信设备的是(　　　)。

  A.显卡   B.网卡   C.音箱   D.声卡

604.下列属于计算机网络特有设备的是（　　）。

    A.显示器   B.光盘驱动器   C.路由器   D.鼠标器

605.依据前三位二进制代码，（　　）属于 A 类地址。

    A.010……   B.111……   C.110……   D.100……

606.网卡属于计算机的（　　）。

    A.显示设备   B.存储设备   C.打印设备   D.网络设备

607.Internet 中 URL 的含义是（　　）。

    A.统一资源定位器   B.Internet 协议

    C.简单邮件传输协议   D.传输控制协议

608.要能顺利发送和接收电子邮件，下列设备必需的是（　　）。

    A.打印机   B.邮件服务器   C.扫描仪   D.Web 服务器

609.用 Outlook 2016 接收电子邮件时，收到的邮件中带有回形针状标志，说明该邮件（　　）。

    A.有病毒   B.有附件   C.没有附件   D.有黑客

610.OSI/RM 协议模型的最底层是（　　）。

    A.应用层   B.网络层   C.物理层   D.传输层

611.地址栏中输入的 http://zjhk.school.com 中，zjhk.school.com 是一个（　　）。

    A.域名   B.文件   C.邮箱   D.国家

612.通常所说的 DDN 是指（　　）

    A.上网方式   B.电脑品牌   C.网络服务商   D.网页制作技术

613.欲将一个 play.exe 文件发送给远方的朋友，可以把该文件放在电子邮件的（　　）。

    A.正文中   B.附件中   C.主题中   D.地址中

614.电子邮件地址 stu@zjschool.com 中的 zjschool.com 是代表（　　）。

    A.用户名   B.学校名

    C.学生姓名   D.邮件服务器名称

615.E－mail 地址的格式是（　　）

    A.www.zjschool.cn   B.网址·用户名

    C.账号@邮件服务器名称   D.用户名·邮件服务器名称

期末模拟试题一 A 卷

请考生仔细阅读下列说明后再进行操作

说明：★本试卷考试时间 100 分钟，卷面分数 100 分。

★考生操作时，请对自己学号文件夹之下的文件及文件夹进行操作。

★本试卷中的文件及文件夹名均不区分大小写。

★网络部分的考试使用考试系统提供的模拟 Outlook 和 Internet Explorer 环境，请在考生系统界面单击按钮进入相应环境。

一、Windows 基本操作（共 5 分）

（1）在 Winkt 文件夹下面建立 2014QMKSA 文件夹。

（2）在 2014QMKSA 文件夹下建立一个名为"计算机的历史与发展.xls"的 Excel 文件。

（3）在 Winkt 文件夹范围内查找"game.exe"文件，并在 2014QMKSA 文件夹下建立它的快捷方式，名称为"竞赛"。

（4）在 Winkt 文件夹范围内查找所有扩展名为".bmp"的文件，并将其复制到 2014QMKSA 文件夹下。

（5）在 Winkt 文件夹范围内查找"个人总结.doc"文件，将其设置为仅有"只读""隐藏"属性，但允许索引此文件内容。

二、文字处理（共 15 分）

（1）编辑、排版

打开 Wordkt 文件夹下的 Word14A.doc 文件，按如下要求进行编辑、排版。

①基本编辑。

将 Wordkt 文件夹下的 Word14A1.doc 文件的内容插入到 Word14A.doc 文件的尾部。

将"2.过程空置"和"3.信息管理"两部分内容互换位置（包括标题及内容），并修改序号。

将文中索引的"空置"替换为"控制"。

②排版。

页边距：上、下为 2.5 厘米；左、右为 2 厘米；页眉、页脚距边界均为 1.3 厘米；纸张大小为 A4。

将文章标题"计算机的应用领域"设为隶书，二号字，加粗，标准色中的红色，水平居中，段前和段后均为 0.5 行。

将小标题（1.科学计算、2.过程空置……6.多媒体应用）设置为黑体、小四号字，标准色中的蓝色，左对齐，段前和段后均为 0.3 行。

其余部分（除上面两标题以外的部分）设置为楷体、小四号字，首行缩进 2 字符，两端对齐。

将排版后的文件以原文件名存盘。

（2）表格操作。

新建一个空白文档，制作一个 4 行 5 列的表格，并按如下要求调整表格（样表参见 Wordkt

文件夹下的"bg14a.jpg")。

①设置第 1 列和第 3 列的列宽为 2 厘米,其余各列列宽为 3.5 厘米。

②设置第 1 行和第 3 列的列宽为 2 厘米,其余各列列宽为 3.5 厘米。

③设置第 1 行和第 2 行的行高为固定值 1 厘米,第 3 行和第 4 行的行高为固定值 2 厘米。

④参照样表合单元格,并添加义字。

⑤设置字体为宋体、小四号字。

⑥所有单元格对齐方式为水平、垂直均居中,整个表格水平居中。

⑦按样表所示设置表格框线:外边框为 2.25 磅实线,内边框为 1 磅实线。

⑧最后将此文档以文件名"bg14a.doc"另存到 Wordkt 文件夹中。

三、电子表格操作(共 20 分)

打开 Excelkt 文件夹下 Excel14A.xlsx 工作簿,按如下要求进行操作。

1.基本编辑

(1)将 Excelkt 文件夹下"ScoreA.docx"文件中的数据复制到 Sheet1 工作表 A2 单元格开始处。

(2)编辑 Sheet1 工作表。

①在最左端插入 1 列,列宽 10 磅,并在 A1 单元格输入"参赛号码"。

②在第一行之前插入 1 行,设置行高 30 磅,合并后居中 A1:N1 单元格,输入文本"演讲比赛决赛成绩单",隶书、20 磅、标准色中的红色、垂直居中。

(3)数据填充。

①填充"参赛号码"列,从 01401020 开始,差值为 1 递增填充,"文本"型。

②公式计算"最终得分"列数据,最终得分为得分之和再去掉一个最高分和一个最低分,"数值"型、负数第四种、一位小数。

③根据"最终得分"列数据公式填充"排名"列数据。

④根据"最终得分"列公式填充"所获奖项"列数据:大于 49 分的为"一等",大于 47.5 且小于等于 49 的为"二等",大于 46.5 且小于等于 47.5 的为"三等",其余为空白。

(4)在 Sheet2 工作表中建立 Sheet 的副本,重命名 Sheet2 工作表为"筛选"。

2.数据处理

利用"筛选"工作表中的数据,进行高级筛选。

(1)筛选条件:"广州"和"成都"赛区、"排名"为前 10 的记录。

(2)条件区域:起始单元定位在 A25。

(3)复制到:起始单元格定位在 A32。

最后保存 Excel14A.xlsx 文件。

四、演示文稿操作(共 10 分)

打开 pptkt 文件夹下的 PPT14A.ppt 文件,进行如下操作。

(1)在第一张之前插入一张新的幻灯片,版式为"空白",并在此幻灯片中插入艺术字,样式为第六行第三列的样式,艺术字设置如下。

①文字:人口普查,字体格式为隶书,80 磅。

②文本效果："转换"中的"倒 V 型"。

(2)为第二张幻灯片(标题:我国的人口普查)中的图片添加超链接,单击鼠标时链接到。http://www.stats.gov.cn。

(3)为最后一张幻灯片(标题:第六次人口普查)的内容占位符添加动画。

①效果:"进入"效果中的"劈裂",效果选项为"中央向上下展开"。

②开始:上一动画之后;

③延迟:1 秒;

④持续时间为 3 秒;

⑤声音:风铃。

(4)将演示文稿的主题设置为 pptkt 文件夹中的"跋涉.potx"。

(5)将所有幻灯片的切换效果设置为"闪耀"、持续 4 秒、5 秒后自动换片。

(6)最后将此演示文稿以原文件名存盘。

五、互联网操作(共 10 分)

注意:网络操作使用的浏览器 IE 和 邮件客户端 Outlook Express 均需从上侧工具栏上点击相应按钮启动。

2014 年 APEC 会议在中国成功召开,为此中国相关部门和人民群众做出了不小的贡献,很多人从新闻中知道了 APEC 是亚太经合组织,那么这个组织现在都由哪些成员组成呢? 请使用"APEC 成员国"为关键字从 360 搜索引擎(http://www.so.com)上检索相关信息,然后将成员国的名称作为邮件内容通过 outlook 2016 发送给 nobody@some.org,邮件主题为"APEC 成员国"。

六、综合模块(共 5 分)

参照考生目录"ZHKT"文件夹下的"综合模块样文 14A.jpg",按照如下要求进行操作。

(1)从考试系统中启动浏览器 IE,打开 360 搜索引擎的主页 http://www.so.com,搜索与"双十一"相关的页面,找到文字素材。

(2)在 360 搜索引擎 http://www.so.com,搜索"双十一图片",找到相关图片素材。

(3)将搜索到的文字素材复制到 word 文档中;将搜索到的图片插入到 word 文档中,然后按照样文,完成文档,最后将完成的文档以"ZHWord14A.docx"为名,保存到考生目录的"ZHKT"文件夹下。

关于样文,请注意如下说明。

(1)纸张大小为 A4;上、下、左、右页边距均为 2.5 厘米。

(2)大标题字号为小一号字,颜色为标准色中的紫色。

(3)正文中的一级小标题[一,二,三,…]字号为小四号字,颜色为标准色中的蓝色,段前0.5行。

(4)正文中除大标题和小标题外的文字均为五号字,正文中所有段落首行缩进 2 个字符。

(5)正文中除小标题外的文字若有颜色设置,则为标准色中的红色、加粗。

(6)页眉、页脚文字为小五号字。

(7)插入的图片,通过文本框添加图注文字,适当调整大小后进行组合,而后进行四周型环绕设置。

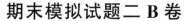

期末模拟试题二 B 卷

请考生仔细阅读下列说明后再进行操作

说明：★本试卷考试时间 100 分钟，卷面分数 100 分。

★考生操作时，请对自己学号文件夹之下的文件及文件夹进行操作。

★本试卷中的文件及文件夹名均不区分大小写。

★网络部分的考试使用考试系统提供的模拟 Outlook 和 Internet Explorer 环境，请在考生系统界面单击按钮进入相应环境。

一、Windows 基本操作（共 5 分）

(1)在 Winkt 文件夹下面建立 2014QMKSB 文件夹。

(2)在 2014QMKSB 文件夹下建立一个名为"移动互联网的现状与展望.dodcx"的 Word 文件。

(3)在 Winkt 文件夹范围内查找"game.exe"文件，并在 2014QMKSB 文件夹下建立它的快捷方式，名称为"个人游戏.exe"。

(4)在 Winkt 文件夹范围内搜索 download.exe 应用程序，并在 2014 QMKSB 文件夹下建立它的快捷方式，名称为"个人下载"。

(5)在 Winkt 文件夹范围内查找 Exam3 文件夹，将其删除。

二、文字处理（共 15 分）

(1)编辑、排版。

打开 Wordkt 文件夹下的 Word14B.doc 文件，按如下要求进行编辑、排版。

①基本编辑。

删除文章中的所有空行。

将文中所有的"◆"替换为"※"。

将"医药价值"和"食用价值"两部分内容互换位置（包括标题及内容）。

②排版。

页边距：上、下、左、右均为 2 厘米；装订线为左 0.5 厘米；纸张大小为自定义大小，宽 21 厘米，高 26 厘米。

将文章标题"茉莉"设为华文新魏，二号字，标准色中的红色，水平居中，段后距为 1 行。

将小标题(1.生长环境 2.主要价值)设置为隶书、四号字，加粗，标准色中的绿色，左对齐，1.5 倍行距，并添加双下划线。

将其余部分（除上面两标题以外的部分）设置为楷体、五号字，首行缩进 2 字符，两端对齐，行距为固定值 16 磅。

将排版后的文件以原文件名存盘。

(2)表格操作。

打开 Wordkt 文件夹下的 bg14b.docx 文件，按如下要求调整表格（样表参见 Wordkt 文件夹下的"bg14b.jpg")。

①设置第 1 列和第 6 列的列宽为 2.89 厘米,其余各列列宽为 2 厘米。

②设置第 1 行的行高为固定值 1.5 厘米,其余各行的行高为 0.8 厘米。

③按样表所示在左上角的第一个单元格中添加斜下框线,并添加相应文本。

④在列标题为"合计"列下面的各单元格中计算其左边相应数据的总和。

⑤除左上角的第一个单元格外,表格中的其余文字的对齐方式为水平垂直都居中。

⑥按样表所示设置表格框线:粗线为 2.25 磅实线,细线 1 磅实线。

⑦第一行的底纹设置为标准色中的黄色。

⑧最后将此文档以原文件名存盘。

三、电子表格操作(共 20 分)

打开 Excelkt 文件夹下 NdkhB.xlsx 工作簿,按如下要求进行操作。

1.基本编辑

(1)编辑 Sheet1 工作表。

①将"所属部门"列移动到"姓名"列的左侧。

②在第一行前插入 1 行,设置行高为 35 磅,并在 A1 单元格输入文本"员工年度考核表",华文行楷、22 磅、加粗、标准色中的蓝色,跨列居中 A1:H1 单元格,垂直靠上。

C.设置 A2:H30 单元格区域的数据水平居中,并将 A:H 列列宽设置为"自动调整列宽"。

(2)数据填充。

①填充"所属部门"列,A3:A9 为"工程部"、A10:A16 为"采购部"、A17:A23 为"营运部"、A24:A30 为"财务部"。

②公式计算"综合考核"列数据,综合考核＝出勤率＋工作态度＋工作能力＋业务考核,"数值"型、负数第四种、无小数。

③根据"综合考核"列数据公式填充"年终奖金"列数据:综合考核大于等于 38 分的为 10 000,37～35 分为 80 00,34～31 分为 7 000,小于 31 分为 5 500,"货币型"、负数第四种、无小数,货币符号"￥"。

(3)将 A2:H30 单元格区域的数据分别复制到 Sheet2、Sheet3 中 A1 单元格开始处,并将 Sheet2 重命名为"排序",Sheet3 重命名为"筛选"。

(4)将该文件以 Excel14B.xlsx 为文件名另存到 Excelkt 文件夹中。

2.数据处理

(1)对"排序"工作表中的数据按"年终奖金"降序"所属部门"升序排序。

(2)对"筛选"工作簿自动筛选出"业务考核"为 10 分的记录。

(3)最后保存 Excel14B.xlsx 文件。

四、演示文稿操作(共 10 分)

打开 pptkt 文件夹下的 PPT14A.ppt 文件,进行如下操作。

(1)删除第一张幻灯片中写有"单击此处添加副标题"的占位符。

(2)将第二张幻灯片的版式修改为"两栏内容",并在右侧占位符中插入图片,图片来自 pptkt 文件夹下的图片文件:"茉莉 B.jpg"。

(3)为第二张幻灯片中的文本"医药价值"添加超级链接,单击时跳转到第五张幻灯片。

(4)为第六张幻灯片中的标题和文本添加动画。

①动画效果:"进入"效果中的"楔入";

②开始:与上一动画同时开始;

③持续时间:5秒。

(5)将所有幻灯片的背景设置为渐变填充,预设颜色中的"麦浪滚滚",类型为矩形,方向为中心辐射。

(6)最后将此演示文稿以原文件名存盘。

五、互联网操作(共10分)

注意:网络操作使用的浏览器 IE 和邮件客户端 Outlook Express 均需从上侧工具栏上点击相应按钮启动。

(1)随着网上购物的普及,使用信用卡支付成为很多人的首选,但也成为诈骗分子获取个人信息进行诈骗的突破口,冒充客服打电话提升信用额度、套取密码等诈骗方式层出不穷,因此,确认来电是为官方的客服电话是用户首先要留意的问题,请通过关键字"中国银行信用卡客服电话"在 360 搜索(http://www.so.com)上检索出官方客服电话,然后作为邮件内容通过 outlook 2016 发送给 somebody@on.the.earth,邮件标题为"中国银行信用卡客服电话"。

(2)浏览器缓存可以加速网页的加载速度,但同时也占据了硬盘空间,遗留了可能的隐私信息,所以定期清空浏览器临时文件是个好习惯。请在(1)的操作完成后删除浏览器临时文件。

六、综合模块(共5分)

参照考生目录"ZHKT"文件夹下的"综合模块样文 14B.jpg",按照如下要求进行操作。

(1)从考试系统中启动浏览器 IE,打开 360 搜索引擎的主页 http://www.so.com,搜索与"凤凰古城"相关的页面,找到文字素材。

(2)在 360 搜索引擎 http://www.so.com,搜索"凤凰骨化醇图片",找到相关图片素材。

(3)将搜索到的文字素材复制到 word 文档中;将搜索到的图片插入到 Word 文档中,然后按照样文,完成文档,最后将完成的文档以"ZHWord14B.docx"为名,保存到考生目录的"ZHKT"文件夹下。

关于样文,请注意如下说明。

(1)纸张大小为 A4:上、下、左、右页边距均为 2.5 厘米。

(2)大标题字号为小一号字,颜色为标准色中的紫色。

(3)正文中的一级小标题[一,二,三,…]字号为小四号字,颜色为标准色中的蓝色,段前0.5行。

(4)正文中除大标题和小标题外的文字均为五号字,正文中所有段落首行缩进2个字符。

(5)正文中除小标题外的文字若有颜色设置,则为标准色中的红色、加粗。

(6)页眉、页脚文字为小五号字。

(7)插入的图片,通过文本框添加图注文字,适当调整大小后进行组合,而后进行四周型环绕设置。

期末模拟试题三 C 卷

请考生仔细阅读下列说明后再进行操作

说明：★本试卷考试时间 100 分钟，卷面分数 100 分。

★考生操作时，请对自己学号文件夹之下的文件及文件夹进行操作。

★本试卷中的文件及文件夹名均不区分大小写。

★网络部分的考试使用考试系统提供的模拟 Outlook 和 Internet Explorer 环境，请在考生系统界面单击按钮进入相应环境。

一、Windows 基本操作（共 5 分）

（1）在 Winkt 文件夹下面建立 2014QMKSC 文件夹。

（2）在 2014QMKSB 文件夹下建立一个名为"计算机系统组成基本知识介绍.pptx"的 PowerPoint 文件。

（3）在 Winkt 文件夹范围内查找"help.exe"文件，并在 2014QMKSC 文件夹下建立它的快捷方式，名称为"个人助手"。

（4）在 Winkt 文件夹范围内查找 Exam2 文件夹，将其复制到 2014 QMKSC 文件夹下。

（5）在 Winkt 文件夹范围内查找所有以"us"开头的文件，将其移动到 Exam1 文件夹下。

二、文字处理（共 15 分）

（1）编辑、排版

打开 Wordkt 文件夹下的 Word14C.doc 文件，按如下要求进行编辑、排版。

①基本编辑。

删除文章中的所有空行。

将文中所有的"雾×天气"替换为"雾霾天气"。

②排版。

页边距：上、下为 2.2 厘米，左、右均为 3 厘米；纸张大小为 A4。

将文章标题"雾霾天气的防治"设为华文行楷，一号字，加粗，标准色中的深红色，水平居中，段后为 1 行。

将小标题（一、雾霾天气的防治措施 二、如何改善雾霾天气）设置为隶书、四号字，加粗，标准色中的深蓝色，左对齐，段前、段后均为 0.2 行。

将其余部分（除上面两标题以外的部分）设置为楷体、小四号字，首行缩进 2 字符，两端对齐，行距为固定值 15 磅。

将排版后的文件以原文件名存盘。

（2）表格操作。

新建 Word 空白文档，制作一个 5 行 7 列的表格，并按如下要求调整表格（样表参加 Wordkt 文件夹下的"bg14c.jpg"）。

设置第 1、2、4、6 列列宽为 1.3 厘米,其余各列列宽为 2.2 厘米。

设置第 1 行的行高为固定值 1.2 厘米,其余各行的行高为 0.8 厘米。

参照样表合并单元格。

所有单元格对齐方式水平、垂直均居中,整个表格水平居中。

按样表所示设置表格框线:外边框为 2.25 磅实线,标准色中的浅蓝色,内边框为 0.75 磅实线,标准色中的红色。

设置第一行的底纹为其他颜色,RGB 值分别为 255、255、153。

第一行的底纹设置为标准色中的黄色。

最后将此文档以"bg14c.docx"另存到 Wordkt 文件夹中。

三、电子表格操作(共 20 分)

打开 Excelkt 文件夹下 YgdaC.xlsx 工作簿,按如下要求进行操作。

1.基本编辑

(1)编辑 Sheet1 工作表。

①在最左端插入 1 列,并在 A4 单元内输入文本"部门编号",宋体,12 磅,加粗。

②设置第 1 行的行高为 40 磅,合并后居中 A1:J1 单元格,并输入文本"员工档案记录",宋体,20 磅,标准色中的蓝色,添加黄色(标准色)底纹。

(2)数据填充。

①根据"部门"列填充"部门编号"列,财务部、采购币、工程部、营运部的部门编号分别是 HS010、HS011、HS012、HS013,文本型,水平居中。

②公式计算"实收工资"列数据,实收工资=基本工资+奖金+加班补助-各项扣除。

(3)编辑 Sheet2 工作表。

①根据 Sheet1 工作表中"学历"列数据,分别统计出不同学历的人数,结果放在 Sheet2 工作表 F4:F7 相应单元格中。

②公式计算"百分比"列数据,百分比=各学历人数/总人数,"百分比"型,1 位小数。

(4)在 Sheet3 中建立 Sheet1 工资表的副本,并重命名 Sheet3 为"筛选"。

(5)将文件以 Excel14C.xlsx 为文件名另存到 Excelkt 文件夹中。

2.数据处理

利用"筛选"工作表中的数据,进行高级筛选。

(1)筛选条件:财务部和工程部,性别为男,具有博士和硕士学历的记录。

(2)条件区域:起始单元格定位在 L5。

(3)复制到:起始单元格定位在 L6。

(4)最后保存 Excel14C.xlsx 文件。

四、演示文稿操作(共 10 分)

打开 pptkt 文件夹下的 PPT14C.ppt 文件,进行如下操作。

(1)将第一张幻灯片的背景设置为渐变填充,预设颜色中的"雨后初晴"。

(2)将第二张幻灯片的版式修改为"垂直排列标题与文本"。

(3)将第三张幻灯片和第四张幻灯片位置互换。

(4)在第五张幻灯片的右下角添加动作按钮,自定义样式,单击鼠标时跳转到"第一张幻灯片",按钮上添加文本;再看一遍,字体是隶书,20磅。

(5)将所有幻灯片的切换方式设置为"揭开",效果选项为"自底部",持续时间为2秒,风铃声,每隔5秒换片。

(6)最后将此演示文稿以原文件名存盘。

五、互联网操作(共10分)

注意:网络操作使用的浏览器 IE 和 邮件客户端 Outlook Express 均需从上侧工具栏上点击相应按钮启动。

(1)网页浏览器的种类可谓成百上千种,但如果按照浏览器核心进行分类,它们只有几种:Trident、Gecko、WebKit 和 Presto。火狐浏览器(Firefox)是跨平台的浏览器,它使用的是哪种内核呢?请通过关键字"火狐浏览器的内核"在 http://www.so.com 检索出结果,然后将答案通过 outlook2016 发送电子邮件给 somebody@some.space,标题为"火狐浏览器的内核"。

(2)如果每次使用浏览器都从固定的网站开始,那么可以将该网站设置为浏览器的起始页,这样浏览器启动时即可自动打开该网站,请将网站 http://www.so.com 设置为浏览器的起始页。

六、综合模块(共5分)

参照考生目录"ZHKT"文件夹下的"综合模块样文14C.jpg",按照如下要求进行操作。

(1)从考试系统中启动浏览器 IE,打开 360 搜索引擎的主页 http://www.so.com,搜索与"甄嬛体"相关的页面,找到文字素材。

(2)在 360 搜索引擎 http://www.so.com,搜索"甄嬛体图片",找到相关图片素材。

(3)将搜索到的文字素材复制到 Word 文档中,将搜索到的图片插入到 Word 文档中,然后按照样文,完成文档,最后将完成的文档以"ZHWord14C.docx"为名,保存到考生目录的"ZHKT"文件夹下。

关于样文,请注意如下说明。

(1)纸张大小为A4;上、下、左、右页边距均为2.5厘米。

(2)大标题字号为小一号字,颜色为标准色中的紫色。

(3)正文中的一级小标题[一,二,三,…]字号为小四号字,颜色为标准色中的蓝色,段前0.5行。

(4)正文中除大标题和小标题外的文字均为五号字,正文中所有段落首行缩进2个字符。

(5)正文中除小标题外的文字若有颜色设置,则为标准色中的红色、加粗。

(6)页眉、页脚文字为小五号字。

(7)插入的图片,通过文本框添加图注文字,适当调整大小后进行组合,而后进行四周型环绕设置。

期末模拟试题四 D 卷

请考生仔细阅读下列说明后再进行操作

说明:★本试卷考试时间 100 分钟,卷面分数 100 分。

★考生操作时,请对自己学号文件夹之下的文件及文件夹进行操作。

★本试卷中的文件及文件夹名均不区分大小写。

★网络部分的考试使用考试系统提供的模拟 Outlook 和 Internet Explorer 环境,请在考生系统界面单击按钮进入相应环境。

一、Windows 基本操作(共 5 分)

(1)在 Winkt 文件夹下面建立 2014QMKSD 文件夹。

(2)在 WinKt 文件夹范围查找 setup.exe 应用程序,并在 2014QMKSD 文件夹下建立它的快捷方式,名称为"设置"。

(3)在 Winkt 文件夹范围内查找所有扩展名为".docx"的文件,并将其复制到 Exam 文件夹下。

(4)在 Winkt 文件夹范围内查找以"h"开头,扩展名为".exe"的文件,将其设置为仅有"只读""隐藏"属性,但允许对其进行索引。

(5)在 Winkt 文件夹范围内查找"Exam4"文件夹,将其删除。

二、文字处理(共 15 分)

(1)编辑、排版。

打开 Wordkt 文件夹下的 Word14D.docx 文件,按如下要求进行编辑、排版。

①基本编辑。

将 Wordkt 文件夹下的 Word4D1.txt 文件中的内容插入到 Word14D.docx 文件的末尾。

删除文章中的所有空行。

将文章中所有的"(   )"替换为"【】"

②排版。

页边距:上、下、左、右均为 2 厘米;纸张大小为 A4;页眉距边界 1 厘米,页脚距边界 1.5 厘米。

将文章标题"IPV6:让每粒沙子都能连上网"设为仿宋,小二号字,加粗,标准色中的绿色,水平居中,段后距 1 行。

将小标题(一、IPV4:5 亿中国网民用 3 亿地址 二、IPV6:每一粒沙子都有地址)设置为黑体、小四号字,加下划线,标准色中的红色,左对齐,1.5 倍行距。

将其余部分(除上面两标题以外的部分)的中文字体设置为仿宋、英文字体设置为 Times New Roman,小四号字,首行缩进 2 字符,两端对齐,行距为固定值 18 磅。

将排版后的文件以原文件名存盘。

(2)表格操作。

打开 Wordkt 文件夹下的 bg14d.docx 文件,按如下要求调整表格(样表参见 Wordkt 文件夹下的"bg14d.jpg")。

将文字转换为 5 行 5 列的表格。

设置第 1 行的行高为固定值 1.5 厘米,设置第 2 行行高为固定值 1.8 厘米,其余各行行高为固定值 1.2 厘米。

设置第 1、2、3 列的列宽均为 2.5 厘米,其余各列的列宽为 3 厘米。

设置第一行的文字格式为黑体、小四号字,其余各列的列宽为 3 厘米。

设置第一行的文字格式为黑体、小四号字,其余文字为楷体、五号字。

所有单元格对齐方式水平、垂直均居中,整个表格水平居中。

按样表所示设置表格框线:粗线为 1.5 磅双实线,标准色中的红色,细线为 0.75 磅单实线,标准色中的紫色。

最后将此文档以原文件名存盘。

三、电子表格操作(共 20 分)

打开 Excelkt 文件夹下 TchsD.xlsx 工作簿,按如下要求进行操作。

1.基本编辑

(1)编辑 Sheet1 工作表。

①设置第 1 行的行高为 32 磅,合并后居中 A1:F1 单元格,并输入文本"职工提成核算表",隶书、22 磅、添加黄色(标准色)底纹。

②打开 Excelkt 文件夹下的"BookD.xlsx"工作簿,将 Sheet1 工作表中的数据复制发到 TchsD.xlsx 的 Sheet1 工作表 B5 单元格开始处。

(2)数据填充。

①填充"职工工号"列,编号从 11001 开始,差值为 2 递增填充。

②公式填充"完成率"列,完成率＝完成额/任务额,"百分比"型,0 位小数。

③公式填充"提成额度"列,提成额度＝完成额×提成比例,提成比例的计算方法参见 J5:K9 单元格区域。

④公式填充 K12:K14 单元格,分别统计"提成额度"的最大值、最小值和平均值。

(3)将 Sheet1 工作表重命名为"核算表"。

(4)将该文件以 Excel4D.xlsx 为文件名另存到 Excelkt 文件夹中。

2.数据处理

对 Sheet2 工作表中的数据,按"应聘部门升序""职位"降序"工作经验"降序的方式进行排序。

最后保存 Excel14D.xlsx 文件。

四、演示文稿操作(共 10 分)

打开 pptkt 文件夹下的 PPT14D.ppt 文件,进行如下操作。

(1)将 pptkt 文件夹下的"赛龙舟 D.pptx"文件中的幻灯片插入到演示文稿的末尾。

(2)为第一张幻灯片中的文本"叼羊"添加超级链接,单击时跳转到第四张幻灯片。

(3)为第二张幻灯片中的图片添加动画。

①动画效果:"进入"效果中的"弹跳"。

②开始:与上一动画同时开始。

③持续时间:4 秒。

④动画播放后:下次单击后隐藏。

(4)将第四张幻灯片的版式修改为"两栏内容",为右边的占位符添加图片,图片来自于 PPTKT 文件夹下的图片文件"叼羊 D.jpg";并为图片添加超链接,链接到:http://baike.baidu.com。

(5)将演示文稿的主题设置为 pptkt 文件夹中的"level.potx"。

(6)最后将此演示文稿以原文件名存盘。

五、互联网操作(共 10 分)

注意:网络操作使用的浏览器 IE 和 邮件客户端 Outlook Express 均需从上侧工具栏上点击相应按钮启动。

(1)近几年来,物联网这个词频繁出现在 IT 领域相关的新闻报道中,请利用 360 搜索引擎(http://www.so.com)以关键词"物联网"检索并查找对应的英文缩写词 IOT 是哪些单词的缩写,然后将其作为邮件内容通过 outlook2016 发送给 who@no.where,邮件标题为"IOT 含义"

(2)网页上加载显示图片的方式各异,因而保存图片的方式也不尽相同。请考生访问 http://ww.hetang.cn,将页面背景图片设法保存到考生目录下的 Netkt 文件夹下,名称为"荷塘月色.jpg"。

六、综合模块(共 5 分)

参照考生目录"Zhkt"文件夹下的"综合模块样文 14D.jpg",按照如下要求进行操作。

(1)从考试系统中启动浏览器 IE,打开 360 搜索引擎的主页 http://www.so.com,搜索与"京剧"相关的页面,找到文字素材。

(2)在 360 搜索引擎 http://www.so.com,搜索"京剧图片",找到相关图片素材。

(3)将搜索到的文字素材复制到 Word 文档中,将搜索到的图片插入到 Word 文档中,然后按照样文,完成文档,最后将完成的文档以"ZHWord14C.docx"为名,保存到考生目录的"Zhkt"文件夹下。

关于样文,请注意如下说明。

(1)纸张大小为 A4:上、下、左、右页边距均为 2.5 厘米。

(2)大标题字号为小一号字,颜色为标准色中的紫色。

(3)正文中的一级小标题[一,二,三,…]字号为小四号字,颜色为标准色中的蓝色,段前 0.5 行。

(4)正文中除大标题和小标题外的文字均为五号字,正文中所有段落首行缩进 2 个字符。

(5)正文中除小标题外的文字若有颜色设置,则为标准色中的红色、加粗。

(6)页眉、页脚文字为小五号字。

(7)插入的图片,通过文本框添加图注文字,适当调整大小后进行组合,而后进行四周型环绕设置。

附加知识点

1.在 Winkt 文件夹范围内查找文件名第二个字为"会",扩展名名".doc"的文件,将其属性设为仅有只读和隐藏。(考点:通配符"?"的使用)

2.删除 Word 文档中所有的空格。(考点:"编辑替换"中特殊字符"空白区域")

3.A 套 Excel 部分最后补充此题。(考点:利用不连续区域制作图表)

(1)复制"数据统计"工作表中的 A1:F39 单元格区域到新的工作表中,表名为"数据汇总"。

(2)根据"所属小组"分类汇总"数学""计算机""政治"的平均分。

(3)设置汇总结果格式:将汇总结果的平均分设置为数值型,1 位小数。

(4)根据"数据汇总"中统计结果数据,建立嵌入式图表。

①分类轴:所属小组。数值轴:"数学""计算机""政治"平均分。

②图表类型:簇状柱形图。

4.在新工作表的 A1:A30 单元格区域填充 0101,0102,0103……,连续值。[考点:非文本型单元格,如果要输入以"0"开始的数字串,必须以英文的"'"(单引号)开始]

5.将 C 套"家电销售"工作表的 C33:E33 单元格区域中的数值复制到 H2:H4 单元格区域中。(考点:"选择性粘贴"中的"数值"和"转置")

第三部分　附录

附录1　单选题参考答案

1.C	2.C	3.A	4.A	5.B	6.C	7.B	8.B	9.D	10.C
11.B	12.D	13.D	14.B	15.D	16.C	17.D	18.D	19.A	20.C
21.C	22.B	23.C	24.C	25.A	26.B	27.A	28.B	29.C	30.B
31.D	32.B	33.D	34.D	35.D	36.D	37.B	38.C	39.A	40.D
41.D	42.D	43.D	44.A	45.A	46.C	47.D	48.C	49.D	50.B
51.B	52.C	53.B	54.B	55.B	56.B	57.A	58.D	59.A	60.D
61.D	62.C	63.A	64.D	65.A	66.C	67.B	68.C	69.A	70.C
71.D	72.C	73.C	74.A	75.B	76.A	77.B	78.B	79.D	80.A
81.C	82.B	83.A	84.D	85.C	86.B	87.A	88.C	89.A	90.C
91.D	92.D	93.D	94.A	95.D	96.A	97.D	98.A	99.B	100.C
101.A	102.C	103.A	104.D	105.C	106.C	107.B	108.D	109.B	110.C
111.B	112.C	113.D	114.D	115.A	116.B	117.A	118.C	119.B	120.B
121.D	122.C	123.A	124.A	125.B	126.D	127.C	128.B	129.D	130.C
131.C	132.C	133.B	134.A	135.D	136.A	137.D	138.B	139.B	140.C
141.A	142.C	143.D	144.D	145.A	146.C	147.A	148.D	149.D	150.D
151.C	152.B	153.C	154.D	155.A	156.D	157.D	158.B	159.A	160.B
161.C	162.A	163.B	164.A	165.B	166.D	167.C	168.C	169.B	170.C
171.D	172.A	173.B	174.C	175.D	176.A	177.A	178.A	179.D	180.B
181.C	182.B	183.B	184.B	185.B	186.C	187.C	188.C	189.A	190.C

191.C	192.A	193.D	194.B	195.C	196.C	197.B	198.A	199.A	200.C
201.C	202.A	203.A	204.B	205.D	206.B	207.A	208.C	209.C	210.C
211.D	212.C	213.C	214.C	215.A	216.D	217.C	218.D	219.C	220.A
221.A	222.C	223.D	224.B	225.A	226.B	227.C	228.C	229.A	230.A
231.C	232.A	233.B	234.D	235.C	236.D	237.A	238.C	239.D	240.B
241.B	242.B	243.C	244.A	245.B	246.B	247.A	248.D	249.C	250.B
251.A	252.C	253.D	254.C	255.B	256.B	257.C	258.C	259.C	260.B
261.B	262.C	263.A	264.D	265.D	266.C	267.C	268.A	269.B	270.C
271.C	272.B	273.C	274.D	275.A	276.B	277.A	278.C	279.D	280.D
281.B	282.C	283.B	284.A	285.C	286.C	287.B	288.C	289.B	290.C
291.A	292.A	293.A	294.C	295.B	296.C	297.A	298.D	299.C	300.C
301.D	302.D	303.C	304.C	305.B	306.B	307.D	308.B	309.B	310.A
311.D	312.A	313.A	314.B	315.C	316.D	317.C	318.C	319.B	320.B
321.C	322.C	323.B	324.C	325.A	326.A	327.B	328.D	329.A	330.B
331.B	332.A	333.C	334.A	335.B	336.A	337.A	338.B	339.D	340.B
341.B	342.A	343.C	344.D	345.B	346.B	347.B	348.A	349.D	350.B
351.B	352.A	353.B	354.B	355.D	356.B	357.B	358.C	359.B	360.B
361.C	362.C	363.D	364.C	365.D	366.A	367.A	368.D	369.B	370.D
371.A	372.B	373.D	374.D	375.A	376.C	377.A	378.D	379.A	380.C
381.C	382.A	383.D	384.A	385.D	386.C	387.B	388.B	389.D	390.C
391.C	392.D	393.C	394.C	395.B	396.B	397.C	398.D	399.B	400.C
401.D	402.B	403.C	404.A	405.B	406.A	407.D	408.A	409.B	410.A
411.D	412.B	413.C	414.C	415.B	416.B	417.D	418.B	419.A	420.B

421.A	422.C	423.B	424.C	425.B	426.A	427.B	428.A	429.B	430.D
431.B	432.A	433.D	434.B	435.A	436.C	437.A	438.D	439.A	440.B
441.B	442.D	443.A	444.B	445.D	446.C	447.C	448.A	449.B	450.C
451.A	452.B	453.D	454.C	455.D	456.C	457.B	458.D	459.D	460.D
461.C	462.C	463.D	464.C	465.D	466.A	467.D	468.B	469.A	470.B
471.C	472.D	473.A	474.B	475.B	476.C	477.A	478.B	479.C	480.D
481.A	482.D	483.A	484.D	485.D	486.C	487.D	488.D	489.B	490.A
491.D	492.D	493.A	494.D	495.D	496.B	497.C	498C	499.D	500.B
501.B	502.D	503.D	504.C	505.D	506.D	507.B	508.B	509.A	510.A
511.D	512.C	513.C	514.C	515.A	516.B	517.D	518.B	519.B.	520.B
521.C	522.B	523.C	524.B	525.A	526.B	527.A	528.D	529.A	530.C
531.A	532.D	533.C	534.D	535.A	536.C	537.A	538.D	539.A	540.A
541.A	542.A	543.B	544.B	545.A	546.B	547.D	548.C	549.D	550.A
551.D	552.D	553.D	554.C	555.B	556.D	557.C	558.B	559.B	560.C
561.D	562.D	563.B	564.C	565.C	566.D	567.A	568.D	569.A	570.B
571.B	572.D	573.D	574.A	575.C	576.D	577.D	578.C	579.A	580.C
581.C	582.D	583.D	584.D	585.B	586.B	587.A	588.C	589.B	590.A
591.A	592.B	593.C	594.C	595.A	596.C	597.A	598.B	599.A	600.D
601.B	602.C	603.C	604.A	605.D	606.D	607.B	608.B	609.C	610.A
611.D	612.A	613.B	614.B	615.C	616.A	617.A	618.B	619.D	620.C

附录2 Word 2016 快捷键大全

1.用于设置字符格式和段落格式的快捷键

快捷键	作用
Ctrl＋Shift＋F	改变字体
Ctrl＋Shift＋P	改变字号
Ctrl＋Shift＋＞	增大字号
Ctrl＋Shift＋＜	减小字号
Ctrl＋]	逐磅增大字号
Ctrl＋[	逐磅减小字号
Ctrl＋D	改变字符格式（"格式"菜单中的"字体"命令）
Shift＋F3	切换字母大小写
Ctrl＋Shift＋A	将所选字母设为大写
Ctrl＋B	应用加粗格式
Ctrl＋U	应用下划线格式
Ctrl＋Shift＋W	只给字、词加下划线,不给空格加下划线
Ctrl＋Shift＋H	应用隐藏文字格式
Ctrl＋I	应用倾斜格式
Ctrl＋Shift＋K	将字母变为小型大写字母
Ctrl＋＝（等号）	应用下标格式（自动间距）
Ctrl＋Shift＋＋（加号）	应用上标格式（自动间距）
Ctrl＋Shift＋Z	取消人工设置的字符格式
Ctrl＋Shift＋Q	将所选部分设为 Symbol 字体
Ctrl＋Shift＋﹡（星号）	显示非打印字符
Shift＋F1（单击）	需查看文字格式了解其格式的文字
Ctrl＋Shift＋C	复制格式
Ctrl＋Shift＋V	粘贴格式
Ctrl＋1	单倍行距
Ctrl＋2	双倍行距
Ctrl＋5	1.5 倍行距
Ctrl＋0	在段前添加一行间距
Ctrl＋E	段落居中
Ctrl＋J	两端对齐
Ctrl＋L	左对齐
Ctrl＋R	右对齐
Ctrl＋Shift＋D	分散对齐
Ctrl＋M	左侧段落缩进
Ctrl＋Shift＋M	取消左侧段落缩进

Ctrl＋T	创建悬挂缩进
Ctrl＋Shift＋T	减小悬挂缩进量
Ctrl＋Q	取消段落格式
Ctrl＋Shift＋S	应用样式
Alt＋Ctrl＋K	启动"自动套用格式"
Ctrl＋Shift＋N	应用"正文"样式
Alt＋Ctrl＋1	应用"标题1"样式
Alt＋Ctrl＋2	应用"标题2"样式
Alt＋Ctrl＋3	应用"标题3"样式
Ctrl＋Shift＋L	应用"列表"样式
Ctrl＋Shift＋Spacebar	创建不间断空格
Ctrl＋－（连字符）	创建不间断连字符
Ctrl＋B	使字符变为粗体
Ctrl＋I	使字符变为斜体
Ctrl＋U	为字符添加下划线
Ctrl＋Shift＋	缩小字号
Ctrl＋Shift＋＞	增大字号
Ctrl＋Q	删除段落格式
Ctrl＋Spacebar	删除字符格式
Ctrl＋C	复制所选文本或对象
Ctrl＋X	剪切所选文本或对象
Ctrl＋V	粘贴文本或对象
Ctrl＋Z	撤消上一操作
Ctrl＋Y	重复上一操作

2.用于编辑和移动文字及图形的快捷键

(1)删除文字和图形。

快捷键	作用
Backspace	删除左侧的一个字符
Ctrl＋Backspace	删除左侧的一个单词
Delete	删除右侧的一个字符
Ctrl＋Delete	删除右侧的一个单词
Ctrl＋X	将所选文字剪切到"剪贴板"
Ctrl＋Z	撤消上一步操作
Ctrl＋F3	剪切至"图文场"

(2)复制和移动文字及图形

快捷键	作用
Ctrl＋C	复制文字或图形
F2	(然后移动插入移动选取的文字或图形点并按Enter键)

Alt＋F3	创建"自动图文集"词条
Ctrl＋V	粘贴"剪贴板"的内容
Ctrl＋Shift＋F3	粘贴"图文场"的内容
Alt＋Shift＋R	复制文档中上一节所使用的页眉或页脚

（3）插入特殊字符

快捷键	插入
Ctrl＋F9	域
Shift＋Enter	换行符
Ctrl＋Enter	分页符
Ctrl＋Shift＋Enter	列分隔符
Ctrl＋ －	可选连字符
Ctrl＋Shift＋ －	不间断连字符
Ctrl＋Shift＋空格	不间断空格
Alt＋Ctrl＋C	版权符号
Alt＋Ctrl＋R	注册商标符号
Alt＋Ctrl＋T	商标符号
Alt＋Ctrl＋.(句点)	省略号

（4）选定文字和图形。

选定文本的方法是按住 Shift 键并按能够移动插入点的键。

快捷键	将选定范围扩展至
Shift＋→	右侧的一个字符
Shift＋←	左侧的一个字符
Ctrl＋Shift＋→	单词结尾
Ctrl＋Shift＋←	单词开始
Shift＋End	行尾
Shift＋Home	行首
Shift＋↓	下一行
Shift＋↑	上一行
Ctrl＋Shift＋↓	段尾
Ctrl＋Shift＋↑	段首
Shift＋Page Down	下一屏
Shift＋Page Up	上一屏
Ctrl＋Shift＋Home	文档开始处
Ctrl＋Shift＋End	文档结尾处
Alt＋Ctrl＋Shift＋Page Down	窗口结尾
Ctrl＋A	包含整篇文档
Ctrl＋Shift＋F8＋↑或↓	纵向文本块(按 Esc 键取消选定模式)
F8＋箭头键	文档中的某个具体位置(按 Esc 键取消选定模式)

（5）选定表格中的文字和图形

快捷键	作用
Tab 键	选定下一单元格的内容
Shift＋Tab	选定上一单元格的内容
按住 Shift 键并重复	按某箭头键将所选内容扩展到相邻单元格
Ctrl＋Shift＋F8 然后按箭头键	扩展所选内容（或块）
Shift＋F8	缩小所选内容
Alt＋数字键盘上的 5	选定整张表格
（Num Lock 键需处于关闭状态）	

（6）移动插入点。

快捷键	作用
←	左移一个字符
→	右移一个字符
Ctrl＋←	左移一个单词
Ctrl＋→	右移一个单词
Ctrl＋↑	上移一段
Ctrl＋↓	下移一段
Shift＋Tab	左移一个单元格（在表格中）
Tab	右移一个单元格（在表格中）
↑	上移一行
↓	下移一行
End	移至行尾
Home	移至行首
Alt＋Ctrl＋Page Up	移至窗口顶端
Alt＋Ctrl＋Page Down	移至窗口结尾
PageUp	上移一屏（滚动）
PageDown	下移一屏（滚动）
Ctrl＋PageDown	移至下页顶端
Ctrl＋PageUp	移至上页顶端
Ctrl＋End	移至文档结尾
Ctrl＋Home	移至文档开头
Shift＋F5	移至前一处修订；对于刚打开的文档,移至上一次关闭文档时插入点所在位置

（7）在表格中移动。

快捷键	光标移至
Tab	一行中的下一个单元格
Shift＋Tab	一行中的上一个单元格
Alt＋Home	一行中的第一个单元格

Alt＋End	一行中的最后一个单元格
Alt＋PageUp	一列中的第一个单元格
Alt＋PageDown	一列中的最后一个单元格
↑	上一行
↓	下一行

(8)在表格中插入段落和制表符。

快捷键	在单元格中插入
Enter	新段落
Ctrl＋Tab	制表符

3.用于处理文档的快捷键

(1)创建、查看和保存文档。

快捷键	作用
Ctrl＋N	创建与当前或最近使用过的文档类型相同的新文档
Ctrl＋O	打开文档
Ctrl＋W	关闭文档
Alt＋Ctrl＋S	拆分文档窗口
Alt＋Shift＋C	撤消拆分文档窗口
Ctrl＋S	保存文档

(2)查找、替换和浏览文本。

快捷键	作用
Ctrl＋F	查找文字、格式和特殊项
Alt＋Ctrl＋Y	在关闭"查找和替换"窗口之后重复查找
Ctrl＋H	替换文字、特殊格式和特殊项
Ctrl＋G	定位至页、书签、脚注、表格、注释、图形或其他位置
Alt＋Ctrl＋Z	返回至页、书签、脚注、表格、批注、图形或其他位置
Alt＋Ctrl＋Home	浏览文档

(3)撤消和恢复操作。

快捷键	作用
Esc	取消操作
Ctrl＋Z	撤消操作
Ctrl＋Y	恢复或重复操作

(4)切换至其他视图。

快捷键	作用
Alt＋Ctrl＋P	切换到页面视图
Alt＋Ctrl＋O	切换到大纲视图
Alt＋Ctrl＋N	切换到普通视图
Ctrl＋\\	在主控文档和子文档之间移动

(5)用于审阅文档的快捷键。

快捷键	作用
Alt＋Ctrl＋M	插入批注
Ctrl＋Shift＋E	打开或关闭标记修订功能
Home	定位至批注开始
End	定位至批注结尾
Ctrl＋Home	定位至一组批注的起始处
Ctrl＋End	定位至一组批注的结尾处

4.用于处理引用、脚注和尾注的快捷键

快捷键	作用
Alt＋Shift＋O	标记目录项
Alt＋Shift＋I	标记引文目录项
Alt＋Shift＋X	标记索引项
Alt＋Ctrl＋F	插入脚注
Alt＋Ctrl＋E	插入尾注

5.用于处理域的快捷键

快捷键	作用
Alt＋Shift＋D	插入 Date 域
Alt＋Ctrl＋L	插入 Listnum 域
Alt＋Shift＋P	插入 Page 域
Alt＋Shift＋T	插入 Time 域
Ctrl＋F9	插入空域
Ctrl＋Shift＋F7	更新 Word 源文档中的链接信息
F9	更新所选域
Ctrl＋Shift＋F9	解除域的链接
Shift＋F9	在域代码和其结果之间进行切换
Alt＋F9	在所有的域代码及其结果间进行切换
Alt＋Shift＋F9	从显示域结果的域中运行 Gotobutton 或 Macrobutton
F11	定位至下一域
Shift＋F11	定位至前一域
Ctrl＋F11	锁定域
Ctrl＋Shift＋F11	解除对域的锁定

6.用于处理文档大纲的快捷键

快捷键	作用
Alt＋Shift＋←	提升段落级别
Alt＋Shift＋→	降低段落级别
Ctrl＋Shift＋N	降级为正文
Alt＋Shift＋↑	上移所选段落
Alt＋Shift＋↓	下移所选段落

Alt＋Shift＋　＋	扩展标题下的文本
Alt＋Shift＋　－	折叠标题下的文本
Alt＋Shift＋A	扩展或折叠所有文本或标题
数字键盘上的斜杠（/）	隐藏或显示字符格式
Alt＋Shift＋L	只显示首行正文或显示全部正文
Alt＋Shift＋1	显示所有具有"标题 1"样式的标题
Alt＋Shift＋n	显示从"标题 1"到"标题 n"的（指标题级别）所有标题

7.用于进行邮件合并的快捷键

要使用这些按键组合，需要先建立邮件合并的主文档。

快捷键	作用
Alt＋Shift＋K	预览邮件合并
Alt＋Shift＋N	合并文档
Alt＋Shift＋M	打印已合并的文档
Alt＋Shift＋E	编辑邮件合并数据文档
Alt＋Shift＋F	插入合并域

8.用于处理 Web 页的快捷键

快捷键	作用
Ctrl＋K	插入超级链接
Alt＋←	返回一页
Alt＋→	前进一页
F9	刷新

9.用于打印和预览文档的按键

快捷键	作用
Ctrl＋P	打印文档
Alt＋Ctrl＋I	切换至或退出打印预览箭头键在放大的预览页上移动
Page Up 或 Page Down	在缩小显示比例时逐页翻阅预览页
Ctrl＋Home	在缩小显示比例时移至第一张预览页
Ctrl＋End	在缩小显示比例时移至最后一张预览页

10.用于 Office 助手的快捷键

如果要完成下面大多数操作，Office 助手必须打开并且可见。

快捷键	作用
F1	获得 Office 助手（助手处于显示状态）的帮助
Alt＋F6	激活 Office 助手气球
Alt＋数字键	从助手显示的列表中选择帮助主题（Alt＋1 代表第一个主题，以此类推）
Alt＋↓	查看更多的帮助主题
Alt＋↑	查看前面的帮助主题
Esc	关闭助手消息或提示

11.用于帮助的快捷键

(1)在帮助窗口中工作。

快捷键	作用
Alt＋O	显示"选项"菜单以访问帮助工具栏上的命令
Alt＋空格键	显示程序"控制"菜单
Alt＋F4	关闭活动的帮助窗口

(2)在定位窗格中移动。

快捷键	作用
Ctrl＋Tab	切换到下一选项卡
Ctrl＋Shift＋Tab	切换到前一选项卡
Alt＋C	切换到"目录"选项卡
Alt＋I	切换到"索引"选项卡
Enter	打开或关闭所选书籍,或打开所选帮助主题
↓	选择下一书籍或帮助主题
↑	选择前一书籍或帮助主题

(3)在主题窗格中移动

快捷键	作用
Alt＋←	返回查看过的帮助主题
Alt＋→	前往查看过的帮助主题
Tab	转到第一个或下一超级链接
Shift＋Tab	转到最后或前一超级链接
Enter	激活所选超级链接
Esc	关闭弹出的窗口
↑	向帮助主题的开始处滚动
↓	向帮助主题的结尾处滚动
Page Up	以更大的增量向帮助主题的开始处滚动
Page Down	以更大的增量向帮助主题的结尾处滚动
Home	移动到帮助主题的开始
End	移动到帮助主题的结尾
Ctrl＋P	打印当前帮助主题
Ctrl＋A	选定整个帮助主题
Ctrl＋C	将选定内容复制到"剪贴板"

12.用于菜单的快捷键

快捷键	作用
Shift＋F10	显示
F10	激活菜单栏
Alt＋Spacebar	显示程序标题栏上的程序图标菜单
↓/↑(如菜单 或子菜单已显示)	选择菜单或子菜单中的下一个或前一个命令

←/→	选择左边或者右边的菜单，或者在显示子菜单时，在主菜单和子菜单之间切换
Home 或 End	选择菜单或子菜单中第一个或者最后一个命令
Alt	同时关闭显示的菜单和子菜单
Esc	关闭显示的菜单。若显示子菜单时，只关闭子菜单
Alt＋Ctrl＋＝	将工具栏按钮添至菜单。当键入此快捷键然后单击工具栏按钮时，Microsoft Word 会将按钮添至适当的菜单。例如，单击"格式"工具栏上的"项目符号"按钮可以将"项目符号"命令添至"格式"菜单
Alt＋Ctrl＋－	从菜单中删除命令。当键入此快捷键（数字键盘上然后选择菜单命令时，该命令将被删的减号键）除。如果改变了主意，可以按 Esc 取消此快捷命令，要恢复已修改了的菜单可以在"工具/自定义"重新设置菜单
Alt＋Ctrl＋＋	为菜单命令自定义快捷键。当键入数字小键盘中此快捷键并选择了菜单命令时，将上的加号键会出现"自定义键盘"对话框，可以在其中添加更改或删除快捷键

13.用于窗口和对话框的快捷键

(1)在文档和程序窗口中移动。

快捷键	作用
Alt＋Tab	切换至下一个程序或 Microsoft Word 文档窗口
Alt＋Shift＋Tab	切换至上一个程序或 Microsoft Word 文档窗口
Ctrl＋Esc	显示 Microsoft Windows"开始"菜单
Ctrl＋W	关闭活动文档窗口
Ctrl＋F5	将已最大化的活动文档窗口还原
Ctrl＋F6	切换至下一个 Word 文档窗口
Ctrl＋Shift＋F6	切换至上一个 Word 文档窗口
Ctrl＋F7	按箭头键在文档窗口不处于最大化状态时，并按下 Enter 执行"移动"命令（单击标题栏中的文档图标可显示此命令）
Ctrl＋F8	按箭头键在文档窗口不处于最大化状态时，并按下 Enter 执行"大小"命令（单击标题栏中的文档图标可显示此命令）
Ctrl＋F10	最大化文档窗口

(2)在对话框中移动。

快捷键	作用
Ctrl＋Tab	切换至对话框中的下一张选项卡
Ctrl＋Shift＋Tab	切换至对话框中的上一张选项卡
Tab	移至下一选项或选项组
Shift＋Tab	移至上一选项或选项组，箭头在所选列表中的选项间移

动,或者在一组选项的选项间移动

快捷键	作用
Spacebar	执行所选按钮的指定操作;选中或清除复选框,字母在所选列表中,移动到以键入字母开始的下一选项
Alt+字母	选择选项,或者选中或清除包含该字母(带有下划线)的选项名称旁的复选框
Alt+↓(选中列表时)	打开所选列表
Esc(选中列表时)	关闭所选列表
Enter	执行对话框中默认按钮的指定操作
Esc	取消命令并关闭对话框

14.用于"打开"和"另存为"对话框的快捷键

快捷键	作用
Ctrl+F12	显示"打开"对话框
F12	显示"另存为"对话框
Alt+1	转到上一文件夹("向上一级"按钮)
Alt+3	关闭对话框,并打开("搜索 Web"按钮)
Alt+4	删除所选文件夹或文件("删除"按钮)
Alt+5	在打开的文件夹中创建新子文件夹("新建文件夹"按钮)
Alt+6	在"列表""详细资料""属性"和"预览"视图之间切换(单击"视图"按钮旁边的箭头)
Alt+7	显示"工具"菜单("工具"按钮)
F5	刷新"打开"或"另存为"对话框("文件"菜单)中可见的文件

15.用于发送电子邮件的快捷键

在激活电子邮件标题后,可使用下列快捷键(按下 Shift+Tab 可激活电子邮件标题)。

快捷键	作用
Alt+S	发送当前文档或邮件
Ctrl+Shift+B	打开通讯录
Alt+K	检查"收件人""抄送"和"密件抄送"行中与通讯录不一致的名称
Alt+.(句号)	在"收件人"域中打开通讯录
Alt+C	在"抄送"域中打开通讯录
Alt+B	在"密件抄送"域中打开通讯录
Alt+J	转到"主题"域
Alt+P	打开 Microsoftoutlook"邮件选项"对话框(在邮件中,单击"视图"菜单中的"选项"命令可显示此对话框)
Ctrl+Shift+G	创建邮件标志
Shift+Tab	选择电子邮件标题的前一个域或按钮
Tab	选择电子邮件标题中的下一个框或选择邮件或文档的正文(当电子邮件标题中的最后一个框处于活动状态时)

参考文献

［1］　尤霞光.计算机文化基础应用教程（Windows7＋Office2010）［M］.北京:机械工业出版社,

2015,31－35.

［2］　李秀等.计算机文化基础［M］.5 版.北京:清华大学出版社,2017.

［3］　张美俊.计算机数据库技术在信息管理中的应用研究［J］.科技经济导刊,2019(08).

［4］　June jamrich Parsons,Dan Oja.计算机文化基础［M］.北京:机械工业出版社,2011.

［5］　刘瑞新等.计算机组装与维护［M］.北京:机械工业出版社,2015.

［6］　刘晨,张滨.黑客与网络安全［M］.北京:航空工业出版社,2019.